Benjamin Mack

Untersuchungen zum Schadensmechanismus Torsionsschwingbruch durch Kontaktermüdung an Schraubendruckfedern

Berichte aus dem
INSTITUT FÜR MASCHINEN- UND GERÄTEKONSTRUKTION (IMGK)

Herausgegeben von
Univ.-Prof. Dr.-Ing. Ulf Kletzin (Maschinenelemente),
Univ.-Prof. Dr.-Ing. René Theska (Feinwerktechnik) und
Univ.-Prof. Dr.-Ing. Christian Weber (Konstruktionstechnik)
aus dem Institut für Maschinen- und Gerätekonstruktion (IMGK) an der TU Ilmenau.

Band 34

Diese Reihe setzt die „Berichte aus dem Institut für Maschinenelemente und Konstruktion“ fort.

Untersuchungen zum Schadensmechanismus Torsionsschwingbruch durch Kontaktermüdung an Schraubendruckfedern

Benjamin Mack

Universitätsverlag Ilmenau
2019

Impressum

Bibliografische Information der Deutschen Nationalbibliothek
Die Deutsche Nationalbibliothek verzeichnet diese Publikation in der Deutschen Nationalbibliografie; detaillierte bibliografische Angaben sind im Internet über http://dnb.d-nb.de abrufbar.

Diese Arbeit hat der Fakultät für Maschinenbau der Technischen Universität Ilmenau als Dissertation vorgelegen.

Tag der Einreichung:	28. Februar 2018
1. Gutachter:	Univ.-Prof. Dr.-Ing. Ulf Kletzin (Technische Universität Ilmenau)
2. Gutachter:	Univ. -Prof. Dr.-Ing. habil. Lena Zentner (Technische Universität Ilmenau)
3. Gutachter:	Dr.-Ing. Frank Schwabe (Robert Bosch GmbH, Stuttgart)
Tag der Verteidigung:	16. Oktober 2018

Technische Universität Ilmenau/Universitätsbibliothek
Universitätsverlag Ilmenau
Postfach 10 05 65
98684 Ilmenau
http://www.tu-ilmenau.de/universitaetsverlag

ISSN 2191-8082
ISBN 978-3-86360-198-0 (Druckausgabe)
URN urn:nbn:de:gbv:ilm1-2018000564

Geleitwort des Herausgebers

Die Konstruktion von Maschinen und Geräten sowie die zugehörigen Methoden und Werkzeuge sind seit den frühen 1950er Jahren ein profilbildender Schwerpunkt an der Technischen Universität Ilmenau und ihren Vorgängerinstitutionen. Es war daher ein nahe liegender Schritt, dass die drei konstruktiv orientierten Fachgebiete der Fakultät für Maschinenbau – Maschinenelemente, Feinwerktechnik/Precision Engineering, Konstruktionstechnik – im Mai 2008 das Institut für Maschinen- und Gerätekonstruktion (IMGK) neu gegründet haben. Das IMGK steht in der Tradition einer Kette ähnlicher Vorgängerinstitute, deren wechselnde Zusammensetzung hauptsächlich durch sich über der Zeit ändernde Universitätsstrukturen bedingt war.

Zweck des Institutes ist es, die Kompetenzen und Ressourcen der beteiligten Fachgebiete zu bündeln, um Forschung und Lehre zu verbessern und erzielte wissenschaftliche Ergebnisse gemeinsam in die Fachöffentlichkeit zu tragen. Ein wesentliches Instrument hierzu ist die Schriftenreihe des Instituts für Maschinen- und Gerätekonstruktion. Sie führt eine erfolgreiche Schriftenreihe des im Jahr 1991 gegründeten unmittelbaren Vorgängerinstitutes IMK (Institut für Maschinenelemente und Konstruktion) fort.

In der Schriftenreihe erscheinen in erster Linie die am Institut entstandenen Dissertationen, daneben werden aber auch andere Forschungsberichte, die in den thematischen Rahmen passen und von allgemeinem Interesse sind, in die Schriftenreihe aufgenommen.

Der vorliegende Band 34 ist als Dissertation am Fachgebiet für Maschinenelemente unter der wissenschaftlichen Betreuung von Professor Ulf Kletzin entstanden. Die Herausgeber wünschen sich reges Interesse an der Schriftenreihe und würden sich freuen, wenn sie zum fruchtbaren Dialog in Wissenschaft und Praxis beitragen würde.

Ilmenau, im Januar 2019

Univ.-Prof. Dr.-Ing. Ulf Kletzin (Maschinenelemente)
Univ.-Prof. Dr.-Ing. René Theska (Feinwerktechnik)
Univ.-Prof. Dr.-Ing. Christian Weber (Konstruktionstechnik)

Vorwort

Die vorliegende Arbeit entstand während meiner Tätigkeit als Doktorand bei der Robert Bosch GmbH im Geschäftsbereich Gasoline Systems im Kompetenzzentrum metallische Bauteile.

Herrn Prof. Dr.-Ing. Ulf Kletzin danke ich für die Betreuung der Arbeit. Mein besonderer Dank gilt Herrn Dipl.-Ing. (FH) Wolfgang Haydn und Herrn Dipl.-Ing. Axel Probst für die ausgezeichnete fachliche Betreuung. Ihre Unterstützung und ihre Ratschläge haben wesentlich zum Gelingen der Arbeit beigetragen. Bei Herrn Dipl.-Ing. Jean-Luc Loutrage, Herrn Dr.-Ing. Frank Schwabe und Herrn Dr.-Ing. Stefan Einbock möchte ich mich besonders für das entgegengebrachte Vertrauen sowie für die zahlreichen Anregungen und Hinweise bedanken.

Für die angenehme Zusammenarbeit und die wertvollen Diskussionen möchte ich mich bei meinen Kolleginnen und Kollegen der Robert Bosch GmbH und den Mitarbeitern des Institutes für Maschinen- und Gerätekonstruktion der Technischen Universität Ilmenau sowie den Mitarbeitern des Steinbeis-Transferzentrums Federntechnik bedanken. Ein zusätzlicher Dank gilt dem Verband der deutschen Federnindustrie e.V. und dessen Geschäftsführer Herrn Dipl.-Ing. W. Hermann. Des Weiteren möchte ich den beteiligten Federnhersteller für Ihre Unterstützung bei der Federfertigung und -prüfung als auch für die anregenden Diskussionen danken.

Ein ganz besonderer Dank geht an meine Familie insbesondere für das entgegengebrachte Verständnis und die Aufmunterung, ohne diese Unterstützung wäre eine erfolgreiche Durchführung nicht möglich gewesen.

Stuttgart, im Januar 2019

Benjamin Mack

Kurzfassung

Ziel der vorliegenden Arbeit ist es, die Wirkzusammenhänge des Schadensmechanismus „Torsionsschwingbruch durch Kontaktermüdung“ zu untersuchen und Möglichkeiten zur Quantifizierung des Schadensmechanismus aufzuzeigen. Zu diesem Zweck werden Federvarianten mit unterschiedlichen Anlageverhalten gefertigt, charakterisiert und geprüft.

Mit den bisher etablierten Methoden kann das Anlageverhalten nicht lokal und zugleich bei einer definierten Federkraft bewertet werden, was für die Fertigung von Versuchsfedern mit gezielt variierenden Anlageverhalten erforderlich ist. Vor diesem Hintergrund wird die Lichtspaltmethode entwickelt. Die Lichtspaltmethode eignet sich im Gegensatz zu numerischen Verfahren auch zur fertigungsnahen Beurteilung des Anlageverhaltens. Zusätzlich ermöglicht die Lichtspaltmethode einen höherwertigen FE-Abgleich im Endwindungsbereich, als ein Abgleich über die Federrate oder mittels druckempfindlichen Papiers.

Aufgrund der Schwingfestigkeitsergebnisse wird eine Untergliederung des Schadensmechanismus hinsichtlich HCF-Kontaktermüdung mit Bruchausgang im oberflächennahen Bereich und VHCF-Kontaktermüdung mit Bruchausgang unterhalb der Oberfläche vorgenommen. Begleitender Untersuchungen an Federn und Drähten zeigen, dass begünstigende Ursachen für Endwindungsbrüche mit der Ausprägung HCF-Kontaktermüdung sich auf eine fertigungs- bzw. verschleißbedingte Primärschädigung zurückführen lassen. Endwindungsbrüche im Bereich erhöhter Schwingspielzahlen mit einem Bruchausgang unterhalb der Oberfläche weisen auf eine Primärschädigung durch Kontaktermüdungsrissbildung hin.

Auf Grundlage der Schwingfestigkeitsversuche an Schraubendruckfedern und numerischen Berechnungen wird eine Vorgehensweise zur Auslegung der Endwindungsgeometrie bei erhöhter Schwingspielzahl erarbeitet. Die Grobauslegung der Endwindungsgeometrie erfolgt über die Analyse des Kontaktwinkels in Abhängigkeit der Torsionsbeanspruchung. Die örtliche Bewertung erfolgt auf Basis der Finiten Elemente Methode und geeigneter Schadensparameter. Die numerische Nachrechnung der Schwingversuche zeigt, dass die lokale Kontaktdruckschwingweite als auch der Schadensparameter nach Dang Van geeignete Kenngrößen zur Beschreibung der VHCF-Kontaktermüdung darstellen. Durch diese Arbeit lassen sich Endwindungsbrüche durch Kontaktermüdung im VHCF-Bereich lokal bewerten.

Abstract

The target of this paper is to examine the cause-effect relationships of the damage mechanism „torsion fatigue failure through contact fatigue“ and to point out options for quantification of the damage mechanism. For this purpose, spring variants with different end coil contact behaviours are produced, characterised and tested.

The methods established to date cannot assess the end coil contact behaviour locally and at the same time at a defined spring force, which is required for the production of test springs with specifically varying end coil contact behaviour. The light-gap method is developed based on this requirement. The light-gap method, in contrast to the numerical procedures, is also suitable for production-related assessment of the end coil contact behaviour. Additionally, the light-gap method permits higher-quality FE reconciliation in the end coil area than reconciliation via the spring rate or by pressure-sensitive paper.

Based on the fatigue tests results, the damage mechanism is broken down into high cycle contact fatigue with the fracture starting in the area close to the surface and very high cycle contact fatigue with the fracture starting below the surface. Supporting examinations on springs and wires indicate that causes contributing to end coil failures in high cycle contact fatigue are due to production- or wear-related primary damage. End coil failures in the area of very high cycles with a fracture starting below the surface indicate primary damage from contact fatigue crack formation.

A procedure for design of the end coil geometry at very high cycles is developed based on spring fatigue tests and numeric calculations. The general design of the end coil geometry takes place via analysis of the contact angle depending on the torsion stress. The local evaluation is performed based on the finite element method and suitable damage parameters. The numeric recalculation of the fatigue tests shows that the local contact pressure range as well as the damage parameter according to Dang Van are suitable parameters to describe very high cycle contact fatigue. This work permits local evaluation of end coil breaks from contact fatigue in the very high cycle area.

Inhaltsverzeichnis

Symbol- und Abkürzungsverzeichnis **xii**

1 Motivation und Zielsetzung **1**

2 Grundlagen und Stand der Technik **3**

2.1 Federgeometrie 3

2.2 Federfertigung 5

2.3 Federbeanspruchung und Schwingfestigkeitsbewertung 8

2.4 Versagensmechanismen von Schraubendruckfedern 12

2.5 Kontaktmechanik 17

2.5.1 Hertz'sche Theorie 17

2.5.2 Reibungsbehafteter Kontakt 20

2.5.3 Beanspruchung unterhalb der Kontaktoberfläche 21

3 Vorgehensweise **22**

4 Halbzeugcharakterisierung **29**

4.1 Chemische Zusammensetzung 29

4.2 Gefügeausbildung 30

4.3 Quasi-statische Zugversuche 31

4.4 Quasi-statische Torsionsversuche 32

4.5 Oberflächenbeschaffenheit 32

4.6 Zusammenfassung Halbzeugcharakterisierung 34

5 Schwingversuche und tribologische Untersuchungen an Drahtproben **35**

5.1 Reib- und Verschleißversuche 35

5.1.1 Versuchsdurchführung 35

5.1.2 Werkstoff- und Wärmebehandlungseinfluss 36
5.1.3 Krafteinfluss 38
5.1.4 Schwingspielzahleinfluss 39
5.1.5 Zusammenfassung Reib- und Verschleißversuche 40
5.2 Umlaufbiegeversuche 40
5.2.1 Versuchsdurchführung 41
5.2.2 Auswertung 42
5.2.3 Bruchmechanische Betrachtung 45

6 Fertigungsnahe Bewertung des Anlageverhaltens im Endwindungsbereich 49
6.1 Vorhandene Methoden 49
6.2 Aufbau Lichtspaltmethode 51
6.3 Messreproduzierbarkeit Lichtspaltmethode 53
6.4 Zusammenfassung Bewertung Anlageverhalten 55

7 Versuchsprogramm und experimentelle Charakterisierung der Prüffedern 57
7.1 Versuchsprogramm und Federfertigung 57
7.2 Federgeometrie 60
7.3 Werkstoff- und Oberflächenbeschaffenheit im Endwindungsbereich 63
7.4 Eigenspannungsbestimmung 66
7.5 Reaktionskräfte an der Federaufstandfläche 71
7.6 Abziehkraft an der Kontaktstelle 72
7.7 Kontaktdruckverteilung an der Aufstandsfläche 74
7.8 Anlageverhalten 74

8 Schwingfestigkeitsversuche an Schraubendruckfedern 80
8.1 Versuchsdurchführung 80
8.2 Analyse der Bruchlage 84
8.3 Fraktografische Untersuchung 87
8.3.1 Endwindungsversagen der federnden Windung an der Kontaktstelle 87
8.3.2 Sonderereignisse im Endwindungsbereich 91

8.4 Oberflächenanalyse . . . 93
8.5 Schwingfestigkeitsergebnisse . . . 97
8.6 Zusammenfassung Schwingfestigkeitsversuche . . . 103

9 Numerische Beanspruchungsanalyse der Federvarianten 105
9.1 Modellbildung . . . 105
9.2 Modellabgleich . . . 109
9.3 Schnittgrößen . . . 112
9.4 Kontaktdruckverteilung . . . 117
9.5 Umrechung der Schwingversuche in örtliche Beanspruchbarkeiten . . . 120
9.6 Zusammenfassung numerische Beanspruchungsanalyse . . . 129

10 Numerische Untersuchung geometrischer Einflussgrößen 130
10.1 Einfluss Schleifwinkel . . . 131
10.2 Einfluss Gesamtwindungsanzahl . . . 132
10.3 Einfluss Drahtdurchmesser . . . 134
10.4 Einfluss Federdurchmesser . . . 135
10.5 Zusammenfassung Parametervariation . . . 136

11 Vorschlag zur Auslegung und Bewertung der Endwindungsgeometrie bei erhöhter Schwingspielzahl 137

12 Zusammenfassung und Ausblick 142

A Anhang Abbildungen 148

B Anhang Tabellen 168

Symbol- und Abkürzungsverzeichnis

Lateinische Buchstaben

Formelzeichen	Bezeichnung	Einheit
a	Defekttiefe	mm
A	Fläche	mm^2
Δa	Abstand	mm
a_{DV}	Konstante nach dem Konzept von Dang Van	-
A_g	Gleichmaßdehnung	%
a_H	Halbachse Druckellipse	mm
A_V	Verschleißfläche	mm^2
a_w	Windungsabstand	mm
b_{DV}	Konstante nach dem Konzept von Dang Van	-
b_H	Halbachse Druckellipse	mm
d	Drahtdurchmesser	mm
D	mittlerer Federdurchmesser	mm
D_a	äußerer Federdurchmesser	mm
D_i	innerer Federdurchmesser	mm
d_{Ref}	Referenzdrahtdurchmesser	mm
D_{Ref}	Referenzfederdurchmesser	mm
E	Elastizitätsmodul	MPa
E_1	Elastizitätsmodul Körper 1	MPa
E_2	Elastizitätsmodul Körper 1	MPa
F	Kraft, Federkraft	N
f	Frequenz	Hz
F_{Ab}	Abziehkraft	N

Formelzeichen	Bezeichnung	Einheit
F_{An}	Anpresskraft	N
F_K	Kontaktkraft	N
F_n	Federkraft bei L_n	N
F_N	Normalkraft	N
F_P^B	Formfaktor für einen halbelliptischen Oberflächenriss einer Platte unter Biegung	-
F_P^Z	Formfaktor für einen halbelliptischen Oberflächenriss einer Platte unter Zug	-
$F_{Q,ax}$	Querkraft parallel zur Federachse	N
$F_{Q,quer}$	Querkraft orthogonal zur Federachse	N
F_Q	Querkraft	N
F_R	Reibkraft	N
F_W^B	Formfaktor für einen halbelliptischen Oberflächenriss einer Welle unter Zug	-
F_W^Z	Formfaktor für einen halbelliptischen Oberflächenriss einer Welle unter Biegung	-
G	Schubmodul	MPa
h	Höhe	mm
H	Hub	mm
H_{ist}	Ist-Hub	mm
H_{krit}	kritischer Hub	mm
H_{soll}	Soll-Hub	mm
k	Neigungsexponent, Spannungskorrekturfaktor	-
k'	Ermüdungswirksamer Korrekturfaktor	-
k_B	Spannungskorrekturfaktor nach Bergsträsser	-
k_G	Spannungskorrekturfaktor nach Göhner	-
K_t	Formzahl	-
K_{th}	Schwellenwert Spannungsintensitätsfaktor	$MPa\sqrt{m}$
k_W	Spannungskorrekturfaktor nach Wahl	-
K_W^B	Spannungsintensitätsfaktor für einen halbelliptischen Oberflächenriss einer Welle unter Biegung	$MPa\sqrt{m}$

Formelzeichen	Bezeichnung	Einheit
l	Defektlänge	mm
L	Federlänge	mm
L_0	Federlänge der unbelasteten Feder	mm
L_m	mittlere Länge	mm
L_{ML}	Maximum-Likelihood-Funktion	-
L_s	Setzmaß	mm
M	Moment	N mm
$M_{B,ax}$	Biegemoment parallel zur Federachse	N mm
$M_{B,quer}$	Biegemoment orthogonal zur Federachse	N mm
M_B	Biegemoment	N mm
M_r	Materialanteil	-
M_T	Torsionsmoment	N mm
N	Schwingspielzahl	-
N_B	Bruchschwingspielzahl	-
N_E	Eckschwingspielzahl	-
n_f	Anzahl der federnden Windungen	-
N_G	Grenzschwingspielzahl	-
n_{Ref}	Referenzwindungsanzahl	-
$n_{Reicherter}$	Drehzahl Reicherter Prüfmaschine	1/min
n_t	Gesamtwindungsanzahl	-
o	Ganghöhe	-
p	Kontaktdruck	MPa
Δp	Kontaktdruckschwingweite	MPa
p_h	hydrostatischer Spannungszustand	MPa
p_{max}	maximaler Kontaktdruck	MPa
q	tangentiale Reibkomponente	MPa
r	Drahtradius	mm
R	Federrate	$N\,mm^{-1}$
R^2	Korrelationskoeffizient	-
R_{ges}	Gesamtfederrate	$N\,mm^{-1}$
R_K	Kernrauhtiefe	µm

Formelzeichen	Bezeichnung	Einheit
r_m	mittlerer Federradius	mm
R_m	Zugfestigkeit	MPa
$R_{p0,02}$	Zugspannung bei bleibender Dehnung von 0,02%	MPa
$R_{p0,05}$	Zugspannung bei bleibender Dehnung von 0,05%	MPa
$R_{p0,2}$	Zugspannung bei bleibender Dehnung von 0,2%	MPa
R_Z	gemittelte Rauhtiefe	µm
s	Federweg	mm
Δs	Weg	mm
t	Zeit	s
$1/T_N$	Streuspanne in Lebensdauerrichtung	-
$1/T_S$	Streuspanne in Spannungsrichtung	-
u	Verschiebung	mm
w	Wickelverhältnis	-

Griechische Buchstaben

Formelzeichen	Bezeichnung	Einheit
α_H	Koeffizient Halbachse a_H	-
β	Schleifwinkel	°
β_{FA}	Schleifwinkel Federanfang	°
β_{FE}	Schleifwinkel Federende	°
β_H	Koeffizient Halbachse b_H	-
β_{Ref}	Referenzanschliffwinkel	°
Δ	Winkelinkremenet	°
γ	Schiebung	%
γ_B	Bruchschiebung	-
μ	Reibungswert	-
ν	Querkontraktionszahl	-
ν_1	Querkontraktionszahl Körper 1	-

Formelzeichen	Bezeichnung	Einheit
ν_2	Querkontraktionszahl Körper 2	-
ω	Winkel	rad
ω_1	Winkel	rad
Φ	kummulierte Wahrscheinlichkeitsdichte	-
ϕ	Winkel	°
$\Delta\phi$	Stützstellenabstand	°
ϕ_{FA}	Winkellage beginnend bei FA	°
ϕ_{FE}	Winkellage beginnend bei FE	°
ϕ_{NKB}	Winkel nicht kugelgestrahlter Bereich	°
ρ	Krümmungsradius	mm
$\rho_{1,1}$	minimaler Hauptkrümmungsradius Körper 1	mm
$\rho_{1,2}$	maximaler Hauptkrümmungsradius Körper 1	mm
$\rho_{2,1}$	minimaler Hauptkrümmungsradius Körper 2	mm
$\rho_{2,2}$	maximaler Hauptkrümmungsradius Körper 2	mm
σ_{b}	Biegespannung	MPa
σ_{Bezug}	Bezugsspannung	MPa
σ_{bW}	Biegewechselfestigkeit	MPa
$\sigma_{\mathrm{bW}}^{\mathrm{okD}}$	Biegewechselfestigkeit ohne künstlichen Defekt	MPa
σ_{W}	Wechselfestigkeit	MPa
σ_{Z}	Zugspannung	MPa
τ	Schubspannung	MPa
τ_{k}	korrigierte Schubspannung	MPa
τ_{kH}	ertragbare korrigierte Hubspannung	MPa
τ_{kh}	korrigierte Hubspannung	MPa
τ_{kh1}, τ_{kh2}...	korrigierte Hubspannung bei τ_1, τ_2...	MPa
τ_{max}	maximale Schubspannung	MPa
τ_{T}	Torsionsspannung	MPa
$\tau_{\mathrm{t0,4}}$	Torsionsspannung bei bleibender Dehnung von 0,4%	MPa
τ_{tmax}	maximale Torsionsspannung	MPa
τ_{w}	Torsionswechselfestigkeit	MPa
ε	Dehnung	%

Abkürzungen

Abkürzung	Bezeichnung
AF	Aufstandsfläche
AW	angeschliffene Windung
BA	Bruchausgang
CT	Computertomographie
EWK	Endwindungskerbe
FA	Federanfang
FE	Federende
FEM	Finite Elemente Methode
FI	Federinnenseite
FW	federnde Windung
GEH	Gestaltänderungsenergiehypothese
HCF	high cycle fatigue
IST	International Spring Institute
KB	kugelgestrahlter Bereich
KN	Korrosionsnarbe
KS	Kontaktstelle
LEBM	linear elastische Bruchmechanik
MS	Messstelle
NKB	nicht kugelgestrahlter Bereich
OKD	ohne künstliche Defekt
UBP	Umlaufbiegeprüfung
UKP	Ultrakurzpuls
VHCF	very high cycle fatigue
WBH	Wärmebehandlung

Kapitel 1

Motivation und Zielsetzung

Bei Maschinenelementen wie Federn, Schrauben, Wälzlagern oder Zahnrädern handelt es sich um Bauelemente, die eine spezielle Funktion erfüllen. Die Aufgabe von Federn liegt in der reversiblen Energiespeicherung. Durch die Funktionsfokussierung werden Federn nicht nur in der Automobilindustrie, im Maschinen- und Anlagenbau, in der Luft- und Raumfahrtbranche, sondern auch in der Komsumgüterindustrie eingesetzt. Die vielfältigen Einsatzmöglichkeiten von Federn und der klar abgegrenzte Funktionsumfang ermöglichen eine Massenfertigung zu geringen Stückkosten. Gleichzeitig werden Schraubendruckfedern zum Beispiel in Form von Achs-, Ventilfedern oder im Bereich der Benzindirekteinspritzsysteme hohen Belastungen ausgesetzt, wobei ein Federversagen in der Regel zu einer Systembeeinträchtigung oder gar zum Versagen des Produktes führt. Vor diesem Hintergrund ist es wichtig, die ertragbare Beanspruchbarkeit und die im Betrieb vorherrschende Beanspruchung korrekt zu ermitteln und somit eine zuverlässige Federauslegung hinsichtlich der möglichen Versagensmechanismen gewährleisten zu können.

Schwingend beanspruchte Schraubendruckfedern versagen vornehmlich im mittleren, im federnden Windekörper. Bei der Federbelastung wird der Draht tordiert, wodurch sich aufgrund der Drahtkrümmung an der Drahtinnenseite eine lokal begrenzte Spannungsüberhöhung einstellt. Die Kerbwirkung an der Federinnenseite führt zum Versagen durch Torsionsschwingbruch. In der Literatur finden sich zahlreiche Veröffentlichungen und Vorschläge zur Bewertung, s. z.B. [127].

Neben Brüchen im mittleren Windungsbereich kommt es teilweise zu Brüchen am Federanfang oder zu Brüchen am Federende, zu sogenannten Endwindungsbrüchen. In den Forschungsvorhaben und Publikationen der letzten Jahre waren Endwindungsbrüche häufig Nebenergebnisse, nicht aber zentraler Bestandteil der Untersuchungen. Eine gezielte Untersuchung von Endwindungsbrüchen an Schraubendruckfedern ist nicht bekannt.

Ziel der vorliegenden Arbeit ist es, die Wirkzusammenhänge des Schadensmechanismus „Torsionsschwingbruch durch Kontaktermüdung“ zu untersuchen, Maßnahmen zur Reduktion des Endwindungsbruchrisikos abzuleiten und wenn möglich eine Methode zur Quantifizierung des Schadensmechanismus aufzuzeigen.

Zu diesem Zweck werden zunächst die in der Literatur beschriebenen Versagensursachen im Endwindungsbereich und die dokumentierten Wirkzusammenhänge herausgearbeitet. Des Weiteren wird geprüft inwiefern über eine spannungsmechanische Betrachtung der Hertz'schen Gleichungen wesentliche Haupteinflussfaktoren ermittelt werden können. Die Vorabuntersuchung dient dazu, die signifikanten Parameter zu identifizieren und anschließend zielgerichtet experimentell zu verifizieren. Andere Kenngrößen, die nicht unabhängig von dem untersuchten Zielparameter sind, z.B. weil diese durch den instationären Massivumformungsprozess während der Federherstellung oder geometrisch miteinander verbunden sind, werden dokumentiert. Für die grundlegende Charakterisierung einzelner Wirkzusammenhänge sind Untersuchungen an Drahtproben vorgesehen. Zusätzlich wird geprüft, inwiefern weitere Einflussfaktoren numerisch untersucht werden können. Anhand dieser Information wird die konkrete Vorgehensweise zur Untersuchung des Schadensmechanismus abgeleitet. Der Aufbau der Arbeit wird in Kapitel 3 vorgestellt.

Kapitel 2

Grundlagen und Stand der Technik

2.1 Federgeometrie

Eine Schraubenlinie kann mittels des Parameters e durch

$$x = c\cos(e),\ y = c\sin(e),\ z = \frac{o}{2\pi}e \tag{2.1}$$

beschrieben werden [12]. Hierbei beschreibt c den Abstand eines Punktes von der Schraubenlinie mit der Drehachse (z-Achse) und o beschreibt die Ganghöhe. Die Ganghöhe kennzeichnet den Abstand zweier Punkte nach $e = 2\pi$. Über die Schraubenlinie lässt sich die Flächenschwerpunktslinie des gewundenen Drahtes bzw. die Federspur einer Schraubendruckfeder mathematisch beschreiben, wobei die Variable c dem halben mittleren Federdurchmesser $D/2$ entspricht. Als Schraubenröhrenoberfläche wird die Hüllkurve bezeichnet, die durch die Bewegung einer Kugel entlang der Schraubenlinie ensteht [42]. Zur selben Hüllkurve gelangt man, wenn ein Kreis mit gleichem Radius tangential zur Schraubenlinie verschoben wird, s. [85]. Die nicht angeschliffene Drahtoberfläche kann über eine Schraubenröhrenfläche ausgedrückt werden, wobei der Kugeldurchmesser dem Drahtdurchmesser d entspricht. In Abbildung 2.1 a) ist die Federspur und die dazugehörige Drahtoberfläche veranschaulicht. Wichtige technische Größen von einer zylindrischen Schraubendruckfeder sind in Abbildung 2.1 b) zusammengefasst. Die zur Beschreibung des Endwindungsbereichs verwendete Nomenklatur ist in Abbildung 2.2 aufgeführt.

Mit L_0 wird die Nennlänge der unbelasteten Feder, mit s der Federweg, mit F die Federkraft, mit a_w der Windungsabstand, mit D_i der innere und mit D_a der äußere

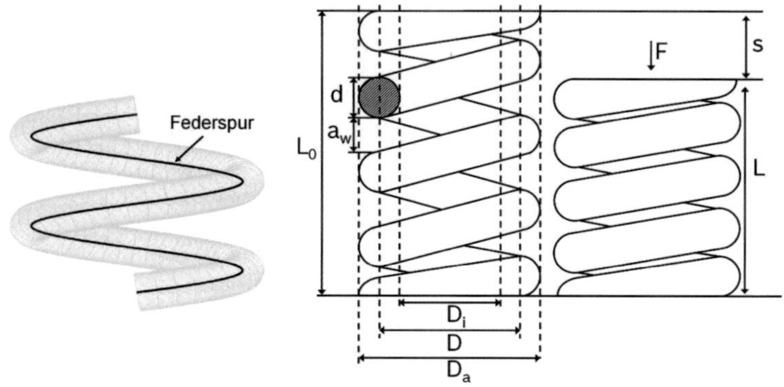

a) b)

Abbildung 2.1: a) Drahtoberfläche mit dazugehöriger Federspur, b) technische Maße einer zylindrischen Schraubendruckfeder

Federdurchmesser bezeichnet. Eine Differenzierung zwischen den Federseiten erfolgt durch die Orientierung des abgeschnittenen Drahtendes, welche durch den Windeprozess begründet ist. Die Seite des Windekörpers, die zuerst die Windemaschine verlässt, wird als Federanfang bezeichnet. Beim Federanfang weist der Winkel in Federumfangsrichtung an der Federinnenseite einen größeren Wert auf als an der Federinnenseite, beim Federende ist dies umgekehrt der Fall.

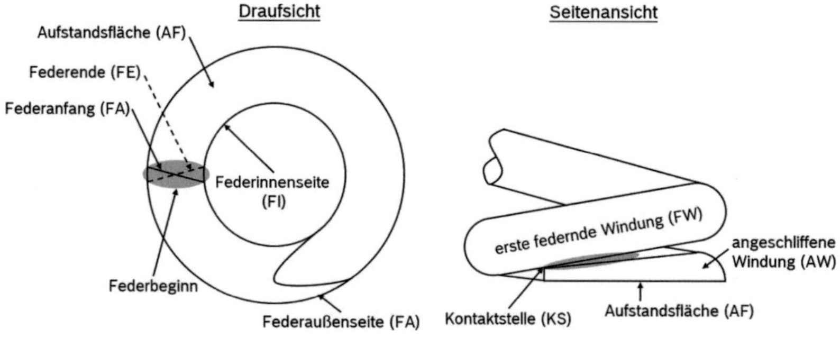

Abbildung 2.2: Festgelegte Nomenklatur und Abkürzungen im Endwindungsbereich

Da es sich bei Federn um nachgiebige Bauteile mit stark gekrümmten Oberflächen handelt, wird besondere Aufmerksamkeit auf die Geometrievermessung und Geometrierückführung gelegt. Erste Untersuchungen zur Erfassung der Federgeometrie sind von Pletta und Maher [120] im Jahre 1940 durchgeführt worden. Um die durch den Einsatz taktiler Messmittel hervorgerufenen Ungenauigkeiten möglichst gering zu halten, fanden die Geometriemessungen an verhältnismäßig steifen und großen Federn statt. Von Schorcht et al. [136] ist ein optischer Bildverarbeitungsmessplatz zur Federvermessung entwickelt worden. Mit einer CCD-Linienkamera wird die Höhe des Drahtes über der Aufstandsfläche bestimmt und mit einer CCD-Matrixkamera der Federdurchmesser durch Drehung der Feder um die Rotationsachse ermittelt. Die Schrittweite beträgt 10°. Die Messgenauigkeit wird mit ±0,05 mm angegeben [47]. In den Untersuchungen von Dreyer [41] wird ein Laser-Triangulations-Sensor zur Geometriebestimmung von Ventilfedern verwendet. Durch Rotation der Feder wird die Federaußenseite erfasst und die Federspur abgeleitet. Die Messung erfolgt in Schritten von 18°. Unter Annahme einer konstanten Höhenänderung wird die erste und letzte Windung extrapoliert. In den zurückliegenden Jahren sind käuflich erwerbbare Messsysteme, z.B. von imess GmbH oder Microstudio S.R.L., entwickelt worden.

2.2 Federfertigung

Der prinzipielle Ablauf der Federfertigung ist in Abbildung 2.3 a) dargestellt. Entsprechend den Federanforderungen variieren die einzelnen Fertigungsschritte. Ausgangspunkt für die Federfertigung ist die Auswahl eines geeigneten Halbzeugs. Werden Federn vorwiegend statisch belastet dann bieten sich patentiert gezogene Drähte nach DIN EN 10270-1 [29] an, dynamisch hoch belasteten Federn werden vorwiegend aus ölschlussvergüteten Ventilfederdrähten nach DIN EN 10270-2 [30] hergestellt und für den Einsatz in korrosiver Umgebung werden nichtrostende Drähte nach DIN EN 10270-3 [31] oder verzinkt gezogene Drähte verwendet. Halbzeuge kleiner bis mittlerer Durchmesser werden kaltgeformt, ab einem Drahtdurchmesser von $d \approx 16\,\mathrm{mm}$ werden Sie einer Warmformgebung unterzogen [105]. Abbildung 2.3 b) zeigt den Windeprozess einer Schraubendruckfeder. Durch die unterschiedlichen Freiheitsgrade an der Windemaschine, z.B. die Einstellung des Steigungskeils, der Windestifte, des Schneidemessers oder des Steigungsfingers, ergeben sich eine Vielzahl an

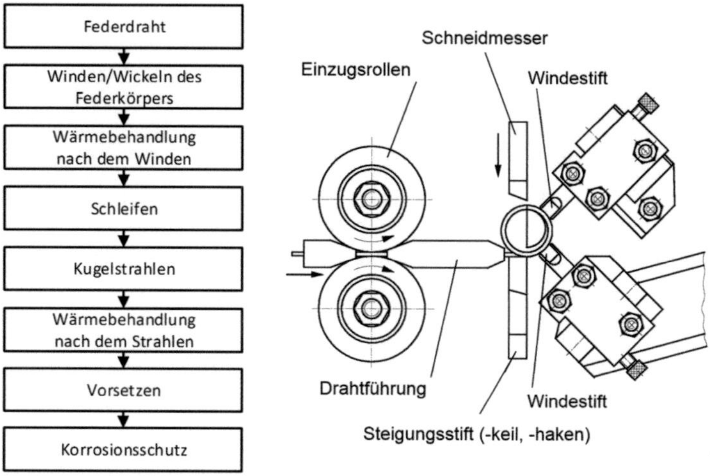

a) b)

Abbildung 2.3: a) Fertigungsablauf in Anlehnung an [96], b) schematische Darstellung des Windeprozesses einer Schraubendruckfeder [105]

unterschiedlichen Einstellmöglichkeiten, welche sich wiederum auf das Windeergebnis auswirken [79]. Da bisher nur 5-7 der 18 Einstellmöglichkeiten elektronisch ansteuerbar sind, unterliegt das Einstellen der Windemaschine einem iterativen Prozess [135]. Ausführliche Analysen zu den Einstellparametern und die Auswirkung auf die Federeigenschaften sind von Geinitz in [47] dokumentiert. Eine Spannungsmechanische Beschreibung des Windungsvorgangs ist von Kobelev in [81] dargelegt. Untersuchungen zur Entstehung von Windeeigenspannungen und deren Einfluss auf die Schwingfestigkeit von Fahrzeugfedern sind von Bauschke [7] durchgeführt worden.

Um die durch den Windeprozess induzierten ungünstigen Eigenspannungen zu reduzieren, wird die Feder einem nachgelagerten Wärmebehandlungsschritt unterzogen. Richtwerte für die Wärmebehandlungstemperaturen unterschiedlicher Werkstoffe sind von Meissner und Schorcht in [105] angegeben. Grundsätzliche Untersuchungen zu unterschiedlichen Wärmebehandlungszuständen finden sich in [48], [49] und [97]. Eine Bewertung des Wärmebehandlungseinflusses hinsichtlich des Eigenspannungshaushalts und den Schwingfestigkeitseigenschaften ist von Muhr [107] durchgeführt worden. Nach dem Wärmebehandlungsprozess werden die Federn oftmals an den Federenden geschliffen, um eine möglichst gute Krafteinleitung in die Feder zu erhalten. Um eine Steigerung der Schwingfestigkeit zu erreichen, können die Federn anschließend einer Kugelstrahlbehandlung unterzogen werden. In Abbildung 2.4 a) und Abbildung 2.4 b) sind Wöhlerkurven von Schraubendruckfedern aus vergütetem Ventilfederdraht bei unterschiedlichen Mittelspannungsniveaus und jeweils mit kugelgestrahlter und nicht kugelgestrahlter Oberfläche aufgetragen. Aus den Diagrammen wird ersichtlich, dass eine Reduktion des Mittelspannungsniveaus sich positiv auf die Schwingfestigkeitseigenschaften auswirken. Bei den Federn mit kugelgestrahlter Oberfläche stellen sich günstigere Schwingfestigkeitswerte ein als bei den ungestrahlten Federn. Die Schwingfestigkeitssteigerung wird hauptsächlich durch Einbringen von Druckeigenspannungen im hoch beanspruchten Oberflächenbereich, durch Randschichtverfestigung und durch eine Verbesserung der Oberflächenqualität hervorgerufen [74]. Neben dem Strahlmittel haben auch die Korngröße, der Auftreffwinkel und die Flächenabdeckung einen wesentlichen Einfluss auf das Steigerungsvermögen [73].

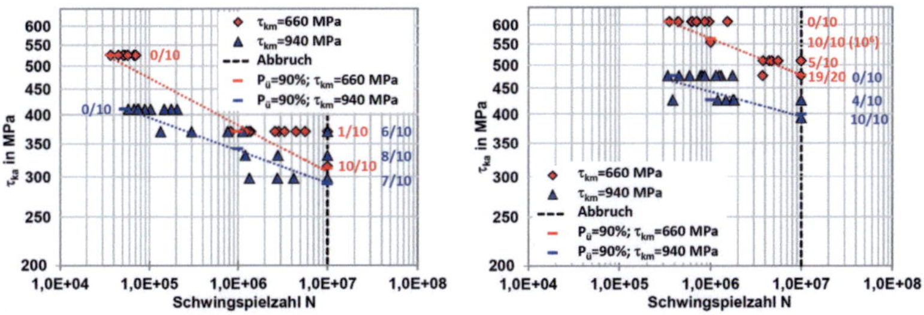

a) b)

Abbildung 2.4: Wöhlerdiagramme von Federn bei unterschiedlichen Mittelspannungsniveaus aus ölschlussvergütetem Draht ($d = 3{,}7\,\mathrm{mm}$, $w = 6$, $n = 6$, $L_0 = 50{,}5\,\mathrm{mm}$) a) nicht kugelgestrahlt [127], b) kugelgestrahlt [127]

Ziel des Vorsetzens ist es, das Nachlassen der Federkraft während des Betriebs zu reduzieren. Hierzu werden die Feder meistens mehrmals bis kurz vor Block zusammengedrückt. Durch den Setzvorgang kommt es zu einer Überschreitung der Fließgrenze, die Feder verkürzt sich und der Federdurchmesser vergrößert sich. Nach Kaiser [73, 74] besitzt der Setzvorgang durch die Druckeigenspannungsausbildung eine

schwingfestigkeitsfördernde Wirkung. Jedoch können nach Gratzer [54] bei großen plastischen Deformationen auch schwingfestigkeitsmindernde Biegeeigenspannungen entstehen. Ein Vorschlag zur Vorausbestimmung des Setzverhaltens von Schraubendruckfedern ist von Otzen in [113], sowie von Reich und Kletzin in [128] angegeben. Als Warmsetzen wird die Durchführung des Setzvorganges bei erhöhten Temperaturen bezeichnet. Anwendung findet dieses Verfahren bei Federn die erhöhten Betriebstemperaturen ausgesetzt sind, z.B. im Motorraum von Kraftfahrzeugen. Umfangreiche Untersuchungen zur Eigenspannungsentstehung während der Federfertigung sind von Gissinger [52] durchgeführt worden.
Werden Schraubendruckfedern aus korrosionsanfälligen Werkstoffen, wie z.B. ölschlussvergüteten Drähten, hergestellt, dann ist eine zusätzliche korrosionsbeständige Oberflächenbehandlung erforderlich. Eine Gegenüberstellung unterschiedlicher Behandlungsmethoden erfolgt von Walz [153].

2.3 Federbeanspruchung und Schwingfestigkeitsbewertung

Die Federrate R ist definiert als Quotient zwischen Federkraft F und Federweg s und berechnet sich für zylindrische Schraubendruckfedern mit kreisförmigem Querschnitt über

$$R = \frac{F}{s} = \frac{Gd^4}{8D^3 n_f}. \tag{2.2}$$

Hierbei bezeichnet G den Schubmodul des Federdrahtes und n_f stellt die Anzahl der federnden Windungen dar. Die Anzahl der federnden Windungen hängt von der Ausbildung der Endwindungsgeometrie ab und wird durch das lastabhängige Anlegen von federnden Windungen beeinflusst [104]. Nach DIN EN 13906-1 [32] beträgt die federnde Windungsanzahl für kaltgeformte Federn

$$n_f = n_t - 2. \tag{2.3}$$

Die Gesamtwindungsanzahl wird durch n_t ausgedrückt. Da es während des Einfedervorgangs zu einer Aufweitung des Federdurchmessers kommt, ist von Otzen [114] ein analytischer Vorschlag zur Berücksichtigung der Federdurchmesseränderung erarbeitet worden. Untersuchungen zur analytischen Beschreibung der Kraft-Weg-Kennlinie für ungleichförmige Steigungsverläufe sind von Gross [55] und Wanke [154] durchgeführt worden. Federn mit ungleichförmigem Steigungsverlauf zeichnen sich durch eine progressive Kraft-Weg-Kennlinie aus und werden bevorzugt bei dynamisch beanspruchten Federn verwendet. Bei einer Federbelastung im Resonanzbereich kommt es bei progressiven Federn mit zunehmender Belastung zur vermehrten Anlage von aktiven Windungen, die Federrate und somit die Eigenfrequenz der Feder nimmt zu, was eine selbstständige Minderung der dynamischen Zusatzbelastung zur Folge hat [99]. Untersuchungen zur Beschreibung des elastischen Verformungsverhaltens einer zylindrischen Schraubendruckfeder sind von Keysor [77] durchgeführt worden. In Abbildung 2.5 a) ist der prinzipielle Kraftflussverlauf im Endwindungsbereich dargestellt. Werden Schraubendruckfedern zusammengedrückt, dann wird der Draht im federnden Windekörper vornehmlich auf Torsion beansprucht [56]. Im Kontaktbereich zwischen den Windungen kommt es zu einer Aufsplittung des Kraftflusses. Ein Teil wird direkt in die angeschliffene Windung übertragen, der andere Teil folgt dem Drahtverlauf.

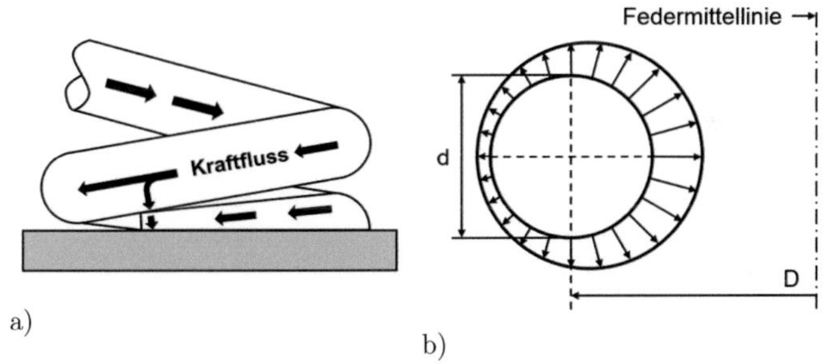

Abbildung 2.5: a) Schematische Darstellung Kraftflussverlauf, b) Randspannungsverteilung im Drahtquerschnitt einer Schraubendruckfeder [105]

Entsprechend DIN EN 13906-1 [32] kann die Schubspannung einer Feder über

$$\tau = \frac{8FD}{\pi d^3} \tag{2.4}$$

bestimmt werden. Aufgrund der Krümmung der Drahtachse stellt sich während der Federbelastung eine ungleichmäßige Spannungsverteilung an der Drahtoberfläche ein, s. Abbildung 2.5 b). Um die elastische Spannungsüberhöhung zu berücksichtigen wird ein Spannungskorrekturfaktor k eingeführt. Mit

$$\tau_k = k \cdot \tau \tag{2.5}$$

wird die korrigierte Schubspannung τ_k ermittelt und die Überhöhung berücksichtigt. Der Spannungskorrekturfaktor k beruht auf der linearen Elastizitätstheorie und fügt sich in die Kerbspannungslehre von Neuber [109] ein. Die elastische Spannungsüberhöhung wird oftmals auch als Spannungskorrekturbeiwert, Spannungsbeiwert, Spannungskorrekturfaktor oder Formzahl bezeichnet. In der FKM-Richtlinie [45] wird die elastizitätstheoretische Überhöhung über die Formzahl K_t ausgedrückt. Nach Wahl [152] lässt sich der Spannungskorrekturfaktor über

$$k_W = \frac{(4w - 1)}{(4w - 4)} + 0,615w \tag{2.6}$$

bestimmen. Von Bergsträsser [8] wird die Gleichung

$$k_B = 1 + \frac{(w + 0,5)}{(w - 0,75)} \tag{2.7}$$

und von Göhner [53] die Gleichung

$$k_G = 1 + \frac{5}{4w} + \frac{7}{8w^2} + \frac{1}{w^3} \tag{2.8}$$

vorgeschlagen. Die Variable w beschreibt das Wickelverhältnis der Federn und ist durch

$$w = \frac{D}{d} \tag{2.9}$$

definiert. Die Unterschiede zwischen den einzelnen Spannungskorrekturbeiwerten können als gering eingestuft werden, s. [32] und [155].

Experimentelle Untersuchungen von Kuhn [86], numerische Untersuchungen von Shimoseki et. al. [138], Hamano und Tachikawa [59] sowie Wittkopp [158] haben gezeigt, dass die Spannungsverteilung entlang der Federspur Schwankungen unterliegt, s. Abbildung 2.6. Ursächlich hierfür ist der Kraftvektor an der Federaufstandsfläche der Feder, welcher nicht mit der Federachse zusammenfällt und somit eine ungleichmäßige Spannungsverteilung entlang der Federspur hervorruft [86]. Am Beispiel einer Fahrzeugfeder wird von Neubrand et. al. [110] aufgezeigt wie die inhomogene Torsionsspannungsverteilung entlang der Federspur über eine gezielte Anpassung der Federgeometrie homogenisiert werden kann. Numerische Analysen mit der Finiten

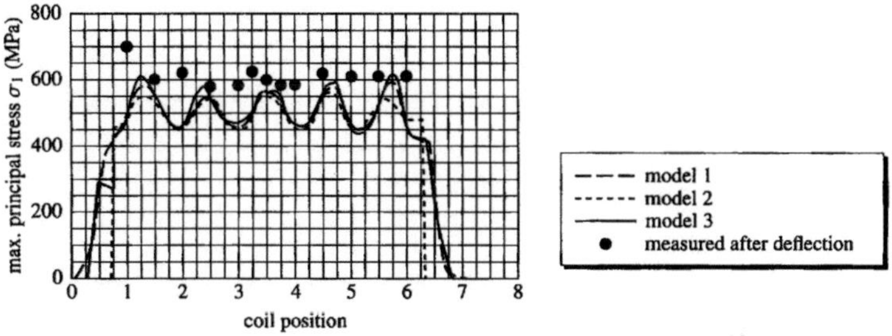

Abbildung 2.6: Spannungsverteilung in Abhängigkeit der Windungsanzahl (coil position) [138]

Elemente Methode oder Mehrkörpersimulationen bieten den Vorteil, dass Spannungen, Verformungen als auch Eigenfrequenzen von komplizierten Federgeometrien und Beanspruchungszuständen einfach erfasst werden können, s. [78, 132].

Eine Gegenüberstellung der unterschiedlichen Überhöhungsfaktoren findet sich in Abbildung 2.7. Für die Schwingfestigkeitsbewertung nach DIN EN 13906-1 [32] wird die

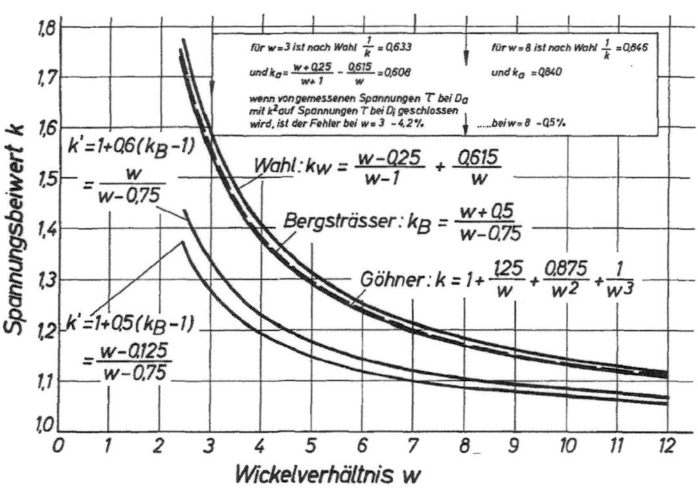

Abbildung 2.7: Vergleich unterschiedlicher Spannungsbeiwerte [68]

korrigierte Schubspannung mit den Grenzwerten im Goodman-Diagramm verglichen. Bemessungswerte liegen bei kaltgeformten Federn für eine Grenzschwingspielzahl von $N_G = 10 \cdot 10^6$ und bei warmgeformten Federn für eine Grenzschwingspielzahl von $N_G = 2 \cdot 10^6$ vor. In Huhnen [68] wird ein ermüdungswirksamer Korrekturfaktor k' vorgeschlagen, welcher empirisch ermittelt worden ist.

Untersuchungen von Kaiser und Berger [75], als auch von Brunner et. al. [14] haben gezeigt, dass bei Schraubendruckfedern auch im Schwingspielzahlbereich zwischen 10^7 und 10^9 ein Schwingfestigkeitsabfall stattfindet. Die Möglichkeiten und Grenzen zur Schwingfestigkeitsbewertung von Schraubendruckfedern auf Grundlage von werkstoffbasierten Größen sind von Reich [127] untersucht worden.

2.4 Versagensmechanismen von Schraubendruckfedern

Wie im vorherigen Kapitel aufgezeigt, kommt es bei Federn aufgrund der Drahtkrümmung zu einer lokalen Spannungsüberhöhung. Im Vergleich zu anderen gekerbten Bauteilen, wie z.B. Gewindeverbindungen, fällt diese Überhöhung vergleichsweise gering aus. Bei Gewindeverbindungen liegt die linear elastische Spannungsüberhöhung zwischen 4 und 10 [80] und nicht zwischen 1 und 2, s. Abbildung 2.7. Geringe Spannungsüberhöhungen entlang des Drahtes bewirken ein verhältnismäßig großes hoch beanspruchtes Materialvolumen. Die Wahrscheinlichkeit rissauslösender Fehlstellen steigt mit größerem hoch beanspruchten Volumen, dies bildet eine mögliche Erklärung für die unterschiedlichen Versagensursachen bzw. Versagensorte an Schraubendruckfedern. Zusätzlich steht die Feder an den Ober- bzw. Unterseiten und teilweise an der Federinnen- bzw. Federaußenseite in Kontakt mit den angrenzenden Bauteilen, und aufgrund der großen Windungsverschiebungen lässt sich ein Selbstkontakt der Windungen im Allgemeinen nicht vermeiden. Diese Kontaktstellen stellen wiederum potenzielle Versagensorte dar. Gängiges Versagen ist ein Bruch der federnden Windung mit einem Bruchausgangsort an der Federinnenseite, s. Abbildung 2.8. Diese Innenrandbrüche lassen sich meistens auf eine örtlich begrenzte Spannungsüberhöhung aufgrund der Drahtkrümmung zurückführen. Da die Versagensmechanismen von Schraubendruckfedern vielfältig sind, beschränken sich die nachfolgenden Erläuterungen auf die dokumentierten Brüche im Endwindungsbereich. Für weiterführende Informationen sei auf das umfangreiche Werk von Hora und Leiderroth [66] verwiesen.

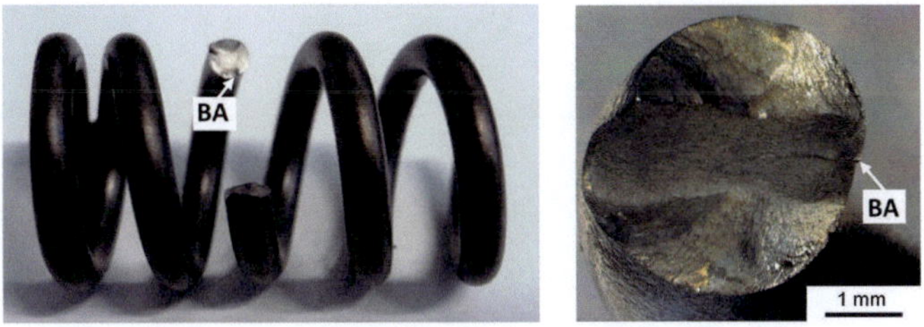

Abbildung 2.8: Federbruch im federnden Windekörper mit einem Bruchausgang an der Federinnenseite

Bei manchen Literaturquellen wird die genaue Einordnung des Bruches dadurch erschwert, dass der Bruchausgangsort nicht näher spezifiziert ist bzw. verschiedenartige Windungsbezeichungen verwendet werden. So wird z.B. von Deutler [22] eine Unterscheidung zwischen Endwindung und erster Windung durchgeführt, wohingegen von Pomp und Hempel [121] die gleiche Bezeichnung für Endwindung und erste Windung verwendet wird. In der Veröffentlichung von Pomp und Hempel [122] sind Brüche der angeschliffenen als auch der ersten federnden Windung erfasst. Durch ein zusätzliches Kugelstrahlen ist eine Verschiebung der Windungsbrüche zu den Federseiten festgestellt worden, was von Pomp und Hempel [121] auf eine geringe schwingfestigkeitssteigernde Wirkung der Kugelstrahlbehandlung im Endwindungsbereich zurückgeführt wird. Die in bekannten Veröffentlichungen als auch in internen Schadensberichten aufgeführten Versagensorte im Endwindungsbereich sind in Abbildung 2.9 gegenübergestellt. Von Meissner [103] als auch von Deutler [22] sind Brüche der angeschliffenen Windungen nach etwa einer dreiviertel Windung dokumentiert, s. Abbildung 2.9 a). Die Schadensanalyse von Meissner hat ergeben, dass sich der Schwingbruch ausgehend von der Aufstandsfläche ausbreitet und die Versagensursache auf eine unzureichend angeschliffene Aufstandsfläche zurückzuführen ist. Beim Federbruch in Abbildung 2.9 b) handelt es sich ebenfalls um einen Bruch der angeschliffenen Windung. Nach den Untersuchungen von Hora und Leiderroth [66] befindet sich der Bruchausgang an der Federinnnenseite, das Versagen lässt sich auf eine unzulässig hohe Biegebeanspruchung zurückführen. Diese Einschätzung korreliert mit den von Hug [71] aufgelisteten Versagenskriterien und -ursachen an Federn, wobei Hug als zusätzliche Versagensursache noch Reibkorossion erwähnt. Krickau und Huhnen [83, 84]

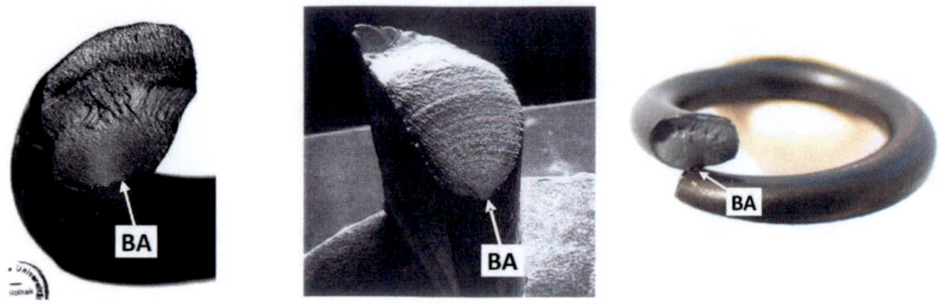

a) b) c)

Abbildung 2.9: a) Bruch der angeschliffenen Windung mit einem Bruchausgang an der Aufstandsfläche [103], b) Bruch der angeschliffenen Windung mit einem Bruchausgang an der Federinnenseite [66], c) Bruch der ersten federnden Windung mit einem Bruchausgang im Bereich der Kontaktstelle

kommen zu einem ähnlichen Ergebnis und führen die Brüche am Drahtende auf eine zu geringe Drahtendendicke zurück, welche eine Aufbiegung der Endwindung begünstigt. Abbildung 2.9 c) zeigt einen Bruch der ersten federnden Windung im Bereich der Kontaktstelle zwischen den Windungen. Nachfolgend werden die bekannten Versagensmechanismen im Bereich der Kontaktstelle aufgeführt.

Nach Huhnen [68] können im Bereich der Kontaktstelle Federbrüche durch abrasiven Verschleiß, Reibkorrosion und durch die Bildung einer Kerbstelle auftreten. Weitere Versagensmechanismen sind in Abbildung 2.10, Abbildung 2.11 und Abbildung 2.12 aufgeführt. Erfolgt der Federbetrieb in nicht geschützter Umgebung, dann können Fremdpartikel einen starken abrasiven Verschleiß bewirken, was schlussendlich zum Federversagen führt. Der abrasive Verschleiß in Abbildung 2.10 a) kann von Hora [65] auf Fremdpartikel in Form von Staub und Sand zurückgeführt werden. Neben abrasivem Verschleiß können Endwindungsbrüche auch durch starken Materialabtrag in Verbindung mit Werkstoffzerrüttung hervorgerufen werden, s. Abbildung 2.10 b). Werden Schraubendruckfedern in korrosiven Medien, wie z.B. Salzsprühnebel betrieben, kann es zu Endwindungsbrüchen durch Schwingungsrisskorrosion kommen. Charakteristisch hierfür sind die Schwingungskreuze, die auf eine lokale Werkstoffversprödung hindeuten, s. Abbildung 2.10 c). Von Karlinksi et. al. [76] sind Federbrüche der ersten federnden Windung an der Kontaktstelle auf Kavitation, Reibkorrosion

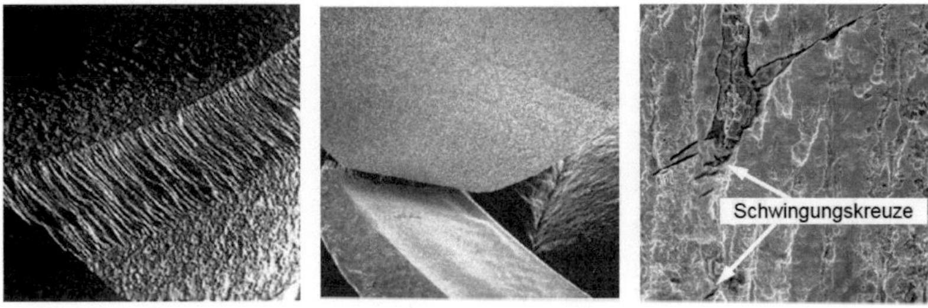

a) b) c)

Abbildung 2.10: a) Bruch der federnden Windung im Bereich der Kontaktstelle durch abrasiver Verschleiß [65], b) Bruch der federnden Windung im Bereich der Kontaktstelle durch Werkstoffzerrüttung, c) Bruch der federnden Windung im Bereich der Kontaktstelle durch Schwingungsrisskorrosion

und kraftstoffbedingte Korrosion zurückgeführt worden. Interne Schadensanalysen als auch die Untersuchungen von Reich [126] haben gezeigt, dass Oberflächenfehler in Form von Längs- und Querrissen ein Versagen im Endwindungsbereich begünstigen können. Abbildung 2.11 a) zeigt unterschiedliche von Oberflächenfehlern ausgehende Endwindungsbrüche. Schwingbruch durch Lochkorrosion kann ebenfalls zum Endwindungsversagen führen. In Abbildung 2.11 b) wird die Lochkorrosion durch oberflächennahe Artefakte in Form von Chlor und Schwefel hervorgerufen. Zahlreiche Endwindungsbrüche sind in der Literatur im Bereich der Kontaktstelle durch Kontaktermüdung dokumentiert, s. z.B. [4, 13, 65, 66, 69, 101, 126]. In Abbildung 2.12 sind Endwindungsbrüche aufgrund einer zu hohen Kontaktbeanspruchung gegenübergestellt.

Charakteristisch für diesen Versagensmechanismus sind die stark gekrümmten Bruchbahnen, welche am Bruchausgangsort zusammenlaufen und auf eine hohe Kontaktbeanspruchung schließen lassen. Die Kontaktermüdung findet in Form eines Anrisses oder Ausbruches statt, hat eine Reduktion der Drahtbeanspruchbarkeit zur Folge und begründet den finalen Torsionsschwingbruch der ersten federnden Windung [65].

Eine einfache Möglichkeit, um Brüche aufgrund einer zu hohen Kontaktbeanspruchung zu vermeiden, stellen nach Huhnen [68] Federn mit eingezogenen Endwindungen dar. Allerdings scheitert die Umsetzung oftmals an beengten Einbauverhältnissen.

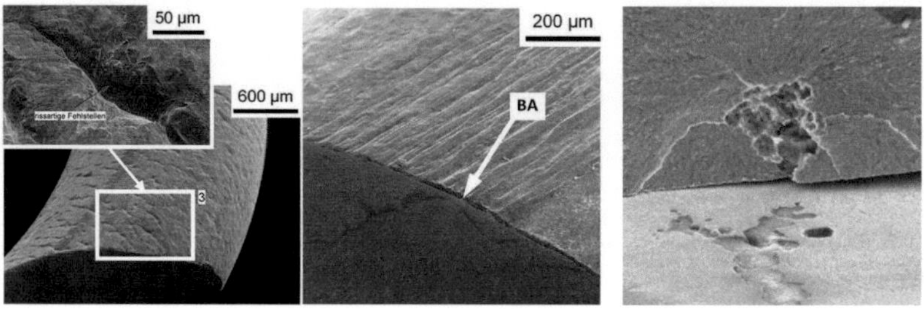

a) b)

Abbildung 2.11: a) Federbruch im federenden Windekörper mit einem Bruchausgang an der Federinnenseite, b) Bruch der federnden Windung im Bereich der Kontaktstelle durch Lochkorrosion

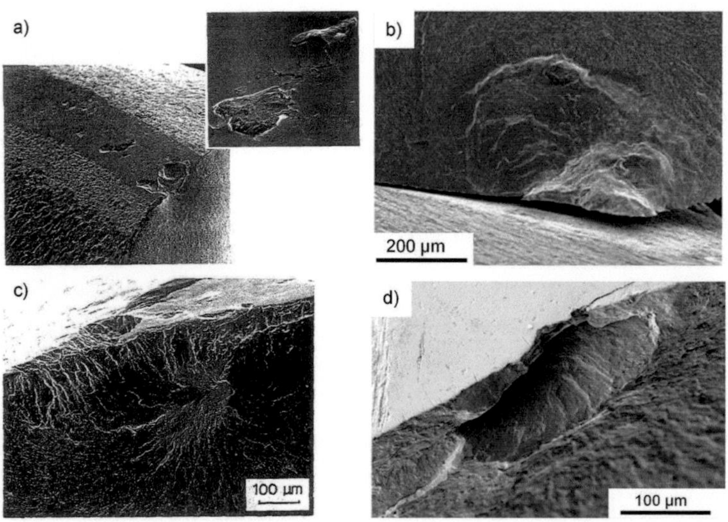

Abbildung 2.12: Federbruch im federnden Windekörper durch Kontaktermüdung a) ausgeprägte Grübchenbildung [66], b) Bruchausgang im oberflächennahen Bereich [126], c) Bruchausgang unterhalb der Oberfläche [4], d) Oberflächenausbruch mit Bruchausgang unterhalb der Oberfläche

In der Patentschrift von Bishop und Jones [10] wird die Schraubenliniengestalt des gewundenen Drahtes als relevantes Kriterium zur Reduktion von Federbrüchen zwischen angeschliffener und erster federnder Windung beschrieben. Vorgeschlagen wird ein progressiver Verlauf des Windungsabstandes zwischen der federnden und nicht federnden Windung.
Von Hora und Leidenroth [66] wird ebenfalls ein ungünstig gewählter Auslauf der Federgeometrie als mögliche Versagensursache angegeben. Des Weiteren können Brüche im Endwindungsbereich auch durch haufiges auf Block setzen der Feder im Betrieb hervorgerufen werden. Zurückzuführen ist dies nach Hora und Leidenroth auf eine nicht korrekte Federauslegung [66].
Numerische Analysen zur Torsions- und Biegespannungsverteilung an 4 unterschiedlichen Endwindungsgeometrien sind vom IST [69] durchgeführt worden, wobei die Höhenzunahme der Federspur über große Bereiche als konstant angenommen worden ist. Es hat sich gezeigt, dass die Endwindungsgeometrie einen Einfluss auf die Spannungsverteilung hat.
Für weiterführende Informationen zum Thema Kontaktermüdung an Maschinenelementen wird auf die umfangreichen Schadensanalysen von Tallin [146] und die Diskussionsbeiträge von Littmann [90] und Olver [112] verwiesen.

2.5 Kontaktmechanik

Nachfolgend werden die Hertz'sche Theorie zur Beschreibung des Normalkontaktes zweier elastischer Körper erläutert, eine Vorgehensweise zur Beschreibung eines reibungsbehafteten Kontaktes vorgestellt und die prinzipiellen Möglichkeiten zur Ermittlung der Spannungsverteilung unterhalb der Kontaktoberfläche aufgezeigt.

2.5.1 Hertz'sche Theorie

Grundlage für die Beschreibung der Kontaktdruckverteilung zweier gekrümmter Körper bildet die im Jahre 1881 von Hertz [64] veröffentlichte Theorie. Unter Zugrundelegung der linearen Elastizitätstheorie wird von Hertz eine strenge Lösung zur Beschreibung der Kontaktdruckverteilung zweier Körper aufgezeigt. Ausführliche Erläuterungen zur Herleitung finden sich unter Anderem in [44, 46, 72, 131]. Nach Hertz lässt sich der Oberflächenbereich in unmittelbarer Umgebung der Kontaktstelle hinreichend genau durch eine quadratische Funktion beschreiben. Zusätzlich wird die Annahme zweier unendlicher Halbräume getroffen, d.h. in großer Entfernung zur Kontaktfläche klingen die Spannungen ab, und es wird vorausgesetzt, dass keine Tangentialkräfte im Kontaktbereich wirksam sind. Legt man das Koordinatensystem entsprechend Abbildung 2.13 in die Mitte der Druckfläche, dann lässt sich der Kontaktdruck p in der Kontaktzone über

$$p(x,y) = \frac{3F_k}{2a_H b_H \pi}\sqrt{1 - \frac{x^2}{a_H^2} + \frac{y^2}{b_h^2}} \tag{2.10}$$

ausdrücken. Hierbei kennzeichnet F_K die Kontaktkraft. Die Lage des kartesischen Koordinatensystems ist so gewählt, dass der maximale Kontaktdruck mit dem Koordinatenursprung zusammenfällt. Aus der Gleichung 2.10 ist ersichtlich, dass der maximale Kontaktdruck dem anderthalben des gemittelten Kontaktdruckes entspricht und die Kontaktdruckverteilung eine Ellipsoidoberfläche beschreibt. Die Variablen a_H und b_H beschreiben die Halbachsen der Druckellipse und lassen sich über

$$a_H = \alpha_H \sqrt[3]{\frac{F_K\left(\frac{4(\eta_1^2-1)}{\eta_1^2 E_1} + \frac{4(\eta_2^2-1)}{\eta_2^2 E_2}\right)}{8(\rho_{11}+\rho_{12}+\rho_{21}+\rho_{22})}} \tag{2.11}$$

und

$$b_H = \beta_H \sqrt[3]{\frac{F_k\left(\frac{4(\eta_1^2-1)}{\eta_1^2 E_1} + \frac{4(\eta_2^2-1)}{\eta_2^2 E_2}\right)}{8(\rho_{11}+\rho_{12}+\rho_{21}+\rho_{22})}} \tag{2.12}$$

bestimmen. Es gilt $\eta_1 = 1/\nu_1$ und $\eta_2 = 1/\nu_2$. Die Variablen ν_1 und E_1 kennzeichnen die Elastizitätskonstanten des ersten Körpers und ν_2 und E_2 die Elastizitätskonstanten des zweiten Körpers. Über ρ_{11} und ρ_{12} werden die Hauptkrümmungsradien des ersten Körpers und über ρ_{21} und ρ_{22} die Hauptkrümmungsradien des zweiten Körpers beschrieben. Mit der Hilfsvariable

$$cos(\vartheta) = \frac{B-A}{A+B} \tag{2.13}$$

und der Beziehung

$$A + B = \frac{1}{2}\big(\rho_{11}+\rho_{12}+\rho_{21}+\rho_{22}\big), \tag{2.14}$$

sowie

$$B - A = \frac{1}{2}\sqrt{\big(\rho_{11}-\rho_{12}\big)^2 + 2\big(\rho_{11}-\rho_{12}\big)\big(\rho_{21}-\rho_{22}\big)\cos(2\omega) + \big(\rho_{21}-\rho_{22}\big)^2} \tag{2.15}$$

können die Koeffizienten α_H und β_H aus Abbildung 2.14 ermittelt werden. Die Werte in Abbildung 2.14 entstammen den Berechnungen von Hertz [64], Kornhauser [82], Whittemore und Perenko [157] und lassen sich auf die Lösung elliptischer Oberflächenintegrale zurückführen. Eine detaillierte Auflistung weiterer Werte findet sich in [16, 115, 116].

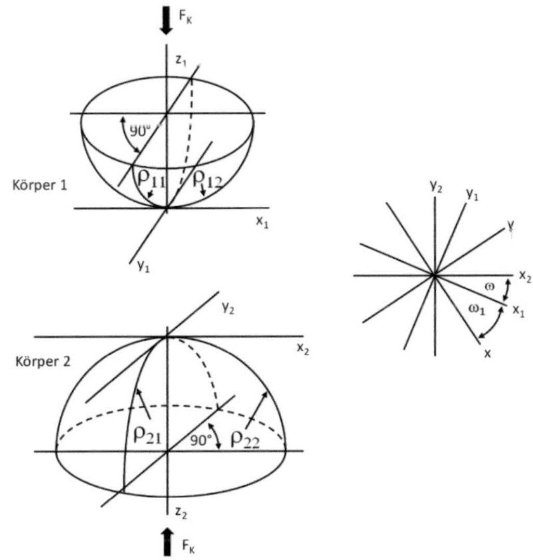

Abbildung 2.13: Schematische Darstellung der Kontaktgeometrie nach [131]

Der Winkel ω_1 berechnet sich über die Gleichung

$$\tan(\omega_1) = \frac{\sin(2\omega)(\rho_{21} - \rho_{22})}{\rho_{11} - \rho_{12} + (\rho_{21} - \rho_{22}\cos(2\omega))} \tag{2.16}$$

und beschreibt die Lage der beteiligten Hauptkrümmungsradien zueinander. Liegt die Kontaktoberfläche in expliziter Form vor, dann lassen sich die beiden Hauptkrümmungsradien ρ_i eines Körpers aus

$$(fg - h^2)\rho^2 + e(2cdh - (1+c^2)g - (1+d^2)f)\rho + e^4 = 0 \tag{2.17}$$

$$\text{mit } c = \frac{\partial z}{\partial x},\ d = \frac{\partial z}{\partial y},\ e = \sqrt{1+c^2+d^2}$$

$$\text{und } f = \frac{\partial^2 z}{\partial x^2},\ g = \frac{\partial^2 z}{\partial y^2},\ h = \frac{\partial^2 z}{\partial x \partial y}$$

ermitteln [12]. Anhand den Hertz'schen Gleichungen wird ersichtlich, dass der Normalkontakt zwischen zwei Körpern lediglich von der Kontaktkraft F_K, den Elastizitätskonstanten E_i und ν_i sowie den Hauptkrümmungsradien ρ_{ij} der beteiligten Körper abhängt.

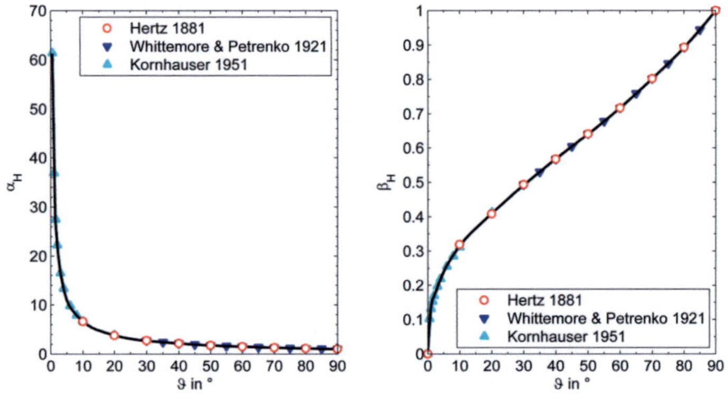

Abbildung 2.14: Koeffizienten bei Normalkontakt

2.5.2 Reibungsbehafteter Kontakt

Wirken Relativbewegungen zwischen den Kontaktpartnern, dann kommt es im Allgemeinen zur Ausbildung von zusätzlichen Tangentialkräften im Kontaktbereich. Unter der Voraussetzung gleicher Materialeigenschaften, konstanter Geschwindigkeiten in der Kontaktfläche und der Abbildung der Kontaktpartner als elastische Halbräume kann aufgezeigt werden, dass der Kontaktdruck und die Ausbildung der Kontaktoberfläche unabhängig von der tangentialen Kontaktkraft sind [72]. Der Zusammenhang zwischen Kontaktdruck und der tangentialen Reibkomponente q wird gängigerweise über die Amotonsche bzw. Coulombsche Beziehung

$$\frac{|q(x,y)|}{p(x,y)} = \frac{|F_R|}{F_K} = \mu \tag{2.18}$$

beschrieben und wird auf jeden Flächenpunkt in der Kontaktfläche angewendet. Der Reibwert μ beschreibt die physikalischen Eigenschaften der interagierenden Oberflächen, F_K beschreibt die Kontaktkraft normal und F_R die Reibkraft tangential zur Oberfläche. Aufgrund des Kräftegleichgewichts besitzen die Reibkomponenten der beiden Körper entgegengesetzte Vorzeichen. Anwendung findet diese Beschreibung bei ungeschmierten als auch geschmierten Zuständen [72].

2.5.3 Beanspruchung unterhalb der Kontaktoberfläche

Die Spannungs- bzw. Verzerrungsverteilung unterhalb der Oberfläche eines elastischen Halbraumes lassen sich auf Grundlage der Einzelkraftlösungen von Boussinesq [11] und Cerruti [15] sowie unter Zuhilfenahme des Superpositionsprinzip bestimmen. Weiterführende Informationen finden sich in [57, 123, 147].

Angaben zur Beschreibung des Spannungszustandes für ausgewählte Spezialfälle wie z.B. die Berührung zweier Zylinder oder Kugeln sind von Föppl in [44] und von Lundberg in [93] aufgeführt. Die Spannungsverteilung kreisförmiger, reibungsbehafteter Kontaktprobleme sind von Hamilton und Goodman in [60] dokumentiert. Überlegungen zur Spannungsermittlung einer elliptischen Flächenpressung mit einer rechteckigen Druckfläche sind von Kunert [87] angestellt worden. Von Spence [142] sind Untersuchungen zur Beschreibung des Verhaltens an der reibungsbehafteten Kontaktgrenze durchgeführt worden. Die Betrachtung einer überlagerten Kontakt- und Torsionsbeanspruchung ist in der Veröffentlichung von Mindlin [106] zu finden. Lösungsansätze zur Beschreibung zweidimensionaler reibungsbehafteter Kontaktprobleme sind von Smith und Liu in [140] angegeben.

Grundsätzlich kann die Spannungsverteilung auch numerisch über die Finite Elemente Methode ermittelt werden. Die numerische Umsetzung des Kontaktverhaltens kann unter anderem den Arbeiten von Wriggers [159, 160] und Yastrebov [162] entnommen werden.

Kapitel 3

Vorgehensweise

Aus der Literaturrecherche in Kapitel 2.4 geht hervor, dass unterschiedliche Versagensorte als auch -mechanismen im Endwindungsbereich auftreten können. Ursächlich hierfür ist die zusätzliche tribologische und evtl. vorliegende korrosive Beanspruchung zwischen der ersten federnden sowie der angeschliffenen Windung. Des Weiteren können Wechselwirkungen mit den benachbarten Bauelementen die Endwindungsbeanspruchung beeinflussen. So kann zum Beispiel eine ungünstig ausgelegte Federführung in Form von Federteller, -hülse oder -dorn den Verschleiß fördern und ein Versagen begünstigen, s. z.B. [51]. Die Literaturrecherche ergab, dass der Bruchausgang vordergründig in der ersten federnden Windung auftritt. Häufig wird als Versagensursache eine zu hohe Kontaktbeanspruchung angegeben. Entsprechend Kapitel 2.4 besitzt Versagen im Bereich der Kontaktstelle durch Kontaktermüdung die höchste Relevanz und ist Gegenstand der Arbeit.
Sofern im weiteren Verlauf der Begriff „Endwindungsbruch“ nicht näher ausgeführt wird, ist darunter ein Bruch der ersten federnden Windung im Bereich der Kontaktstelle mit dem Schadensbild „Torsionsschwingbruch durch Kontaktermüdung“ zu verstehen.

Eine nicht erschöpfende Übersicht über Faktoren die Endwindungsbrüche von Metallfedern beeinflussen können ist in Abbildung 3.1 aufgeführt. Vielfältige Einflussfaktoren ergeben sich z.B. durch die Kombination aus nachgiebiger Federgeometrie, den komplexen Fertigungsschritten bei der Herstellung und dem vorliegendem Schadensmechanismus im Endwindungsbereich. So kann z.B. die nachgiebige Federgeometrie in Verbindung mit einer hohen Belastungsfrequenz zu einer Anregung der Federeigen-

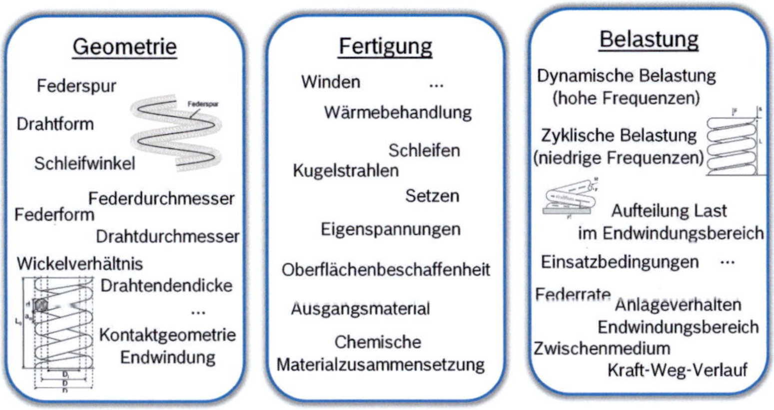

Abbildung 3.1: Mögliche Einflussfaktoren auf Endwindungsbrüche

frequenzen und somit zu einer dynamischen Federbelastung führen, welche wiederum das Abwälzen der Windungen und somit den viskosen Einfluss des Zwischenmediums als auch die Kontaktgeometrie beeinflussen können. Gleichzeitig wird die nachgiebige Federgeometrie aufgrund der thermischen und mechanischen Herstellungsschritte auch von den Fertigungsparametern und Drahteigenschaften, wie auch deren Schwankungen, beeinflusst. Da aus ressourcentechnischen Gründen nicht alle Parameter und Kombinationen vollumfänglich untersucht werden können, wird im Rahmen dieser Arbeit ein Auswahl getroffen, die nachfolgend näher erläutert wird.

Wie in Kapitel 2.4 erläutert, werden von Bishop und Jones [10] als auch von Hora und Leidenroth [66] eine ungünstig gewählte Endwindungsgeometrie als mögliche Versagensursache angegeben. In der öffentlich zugänglichen Literatur und den vorliegenden internen Schadensberichten sind Endwindungsbrüche bei unterschiedlichen Werkstoffen, Zwischenmedien, Wickelverhältnissen, Drahtformen, Drahtdurchmessern, Windungszahlen, Gesamtfederlängen und Federhersteller dokumentiert. Da die globalen Federparameter keine nennenswerten Hinweise zur Beurteilung des Endwindungsbruchrisikos liefern, wird im Rahmen dieser Arbeit der Fokus auf eine lokale Problembetrachtung gelegt.

Nach der Theorie von Hertz, s. Kapitel 2.5.1, hängt die Kontaktdruckverteilung bei der Berührung zweier elastischer Körper lediglich von der Kontaktnormalkraft, den jeweiligen Elastizitätskonstanten und den Hauptkrümmungsradien der Körper ab. Da es sich bei Federn im Gegensatz zu Wälzlagern oder Zahnrädern um geometrisch nachgiebigere Bauteile handelt, hängt nicht nur die Kontaktkraft, sondern auch die Kontaktgeometrie von der Bauteilbeanspruchung ab, was eine explizite Anwendung der Hertz'schen Gleichungen erschwert. Bei den Hauptkrümmungsradien eines Flächenpunktes handelt es sich um die minimalen und maximalen Krümmungsradien, die durch den betrachteten Punkt der Fläche gelegt werden können, bei unterschiedlichen Hauptkrümmungsradien stehen die Hauptkrümmungsrichtungen (Tangentenrichtungen der Hauptkrümmungsradien) senkrecht aufeinander, s. [12, 161].

Überträgt man diese Informationen auf den Selbstkontakt im Endwindungsbereich einer Feder, dann wird der örtlich vorliegende minimale Hauptkrümmungsradius hauptsächlich vom Drahtradius beeinflusst und der maximale Hauptkrümmungsradius hängt maßgeblich vom Höhenverlauf der Federspurmittellinie ab. Die Variation des Drahtdurchmessers unterliegt stärkerer Fertigungsrestriktion als der Höhenverlauf der Federspurmittellinie. Aus diesem Grund kann davon ausgegangen werden, dass eine Änderung der Kontaktbeanspruchung hauptsächlich durch den Höhenverlauf der Federspurmittellinie beeinflusst wird.

Auf Grundlage dieser Überlegungen und den Erkenntnissen der Literaturrecherche wird für die weitere Vorgehensweise die Annahme getroffen, dass die Endwindungsbruchanfälligkeit maßgeblich von der Kontaktbeanspruchung und somit vom Anlageverhalten, d.h. vom Höhenverlauf der Federspurmittellinie in der aktuellen Momentankonfiguration, abhängt. Deshalb werden zur Reproduzierung des Schadensmechanismus Federvarianten mit unterschiedlichen Anlageverhalten gefertigt, charakterisiert und geprüft. Da von dynamisch beanspruchten Federn häufig eine lange Lebensdauer gefordert wird, erfolgt die zyklische Schwingprüfung im HCF- und VHCF-Bereich. Um Rückschlüsse auf die örtlich vorherrschende Beanspruchung im Endwindungsbereich zu erhalten, werden numerische Analysen durchgeführt.

Eine Übersichtsdarstellung über die Vorgehensweise findet sich in Abbildung 3.2. Grundpfeiler der Arbeit bilden Untersuchungen an Drähten, an Federn und die Beanspruchungsanalyse im Endwindungsbereich. Die Untersuchungen an Drähten dient

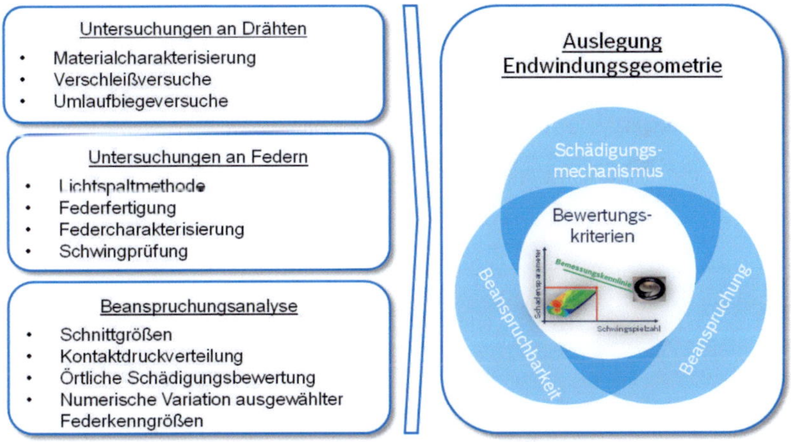

Abbildung 3.2: Übersicht Vorgehensweise

dazu das Ausgangsmaterial hinsichtlich chemischer Zusammensetzung, tribologischen, quasi-statischen und zyklischen Eigenschaften zu charakterisieren. Aufgrund der geringeren Komplexität können hierdurch einfacher Einflussparameter separiert und variiert werden. Ziel der Untersuchung an Federn ist es den Schadensmechanismus zu reproduzieren und zu analysieren. Hierzu werden Federn mit gezielt variierendem Anlageverhalten gefertigt und geprüft. Da Änderung im komplexen Federfertigungsprozess, z.B. Anpassung der Windemaschinenparameter im Endwindungsbereich, sich auf mehrere Federparameter, z.B. Geometriekennwerte, Krafteinleitung, Kraft-Weg-Verlauf, auswirken, werden die wesentlichen Federkenngrößen der Versuchsfedervarianten experimentell erfasst. Die numerische Beanspruchungsanlyse dient dazu Beanspruchungsanteile in Form von Schnittmomenten, Schnittkräften und Kontaktspannungen zu extrahieren, sowie eine örtliche Schädigungsbewertung durchzuführen. Zusätzlich wird eine Variation ausgewählter Federkenngrößen durchgeführt und deren Einfluss auf die Kontaktspannungsausbildung aufgezeigt. Die Erkenntnisse aus den drei Hauptuntersuchungsblöcken, insbesondere die Umrechnung Schwingfestigkeitsergebnisse von den Federversuche in örtliche Beanspruchbarkeiten, bilden die Grundlage zur Erarbeitung einer Methode zur bemessungsgerechten Auslegung von Federn gegenüber Endwindungsbrüchen. Nachfolgend wird der konkrete Aufbau der einzelnen Kapiteln näher erläutert.

Die Halbzeugcharakterisierung in Kapitel 4 umfasst quasi-statische Zug- und Torsionsversuche sowie Härte- und Gefügeuntersuchungen an ölschlussvergüteten Drähten mit unterschiedlicher chemischer Zusammensetzung bzw. Wärmebehandlung. Zusätzlich wird die Oberflächenrauhigkeit an geschälten Runddrähten aus dem Halbzeug VD-SiCrV und VD-SiCrVNi über ein konfokales Lasermikroskop bestimmt.

Schwingversuche und tribologische Untersuchungen an Drahtproben sind in Kapitel 5 aufgeführt. Umlaufbiegeversuche an Drähten mit und ohne künstlichen Defekten dienen zur Rissempfindlichkeitsbewertung ölschlussvergüteter Drähte. Die Einbringung von Oberflächendefekten unterschiedlicher Tiefe erfolgt mit Hilfe eines Ultrakurzpuls-Lasers (UKP-Laser). Zur allgemeinen Untersuchung des Reib- und Verschleißverhaltens an ölschlussvergüteten Drähten werden gekreuzte Zylinderversuche mit unterschiedlichen Werkstoffen, Werkstoffzuständen, Kontaktkräften und Zyklenzahl durchgeführt.

Zur Bewertung des im Allgemeinen nichtlinearen Kontaktverhaltens werden in Kapitel 6 die gängigen Verfahren zur Bewertung des Anlageverhaltens zwischen den Windungen vorgestellt und diskutiert. Des Weiteren wird die Weiterentwicklung der in [98] dokumentierten Lichtspaltmethode erläutert sowie die optische und geometrische Güte des Messsystems bewertet.

Die Charakterisierung der Prüffedern ist in Kapitel 7 und die Versuchsdurchführung sowie Ergebnisse der Schwingversuche sind in Kapitel 8 zusammengefasst. Die Bestimmung der Federgeometrie erfolgt über optische und computertomografische Messverfahren. Um Aufschluss über das Kraft-Verformungs-Verhalten der Federvarianten zu erhalten, werden die Axial- und Querkraftverläufe an den Federaufstandsflächen experimentell ermittelt. Zur Beurteilung der Kontaktdruckverteilung an den Federaufstandsflächen werden Messungen mit druckempfindlichem Papier durchgeführt. Bei den untersuchten Federvarianten wird im unbelasteten Zustand die Abzugskraft zwischen angeschliffener und erster federnder Windung bestimmt, was als Maß für die Windungskontaktkraft im lastfreien Zustand dient. Die quantitative Bewertung des Abwälzverhaltens wird mit der Lichtspaltmethode realisiert. Hierzu wird das Anlageverhalten jeder Federvariante bei unterschiedlichen Lasten am Federanfang und Federende an mehreren Federn ermittelt. Eine Beurteilung der im Endwindungsbereich vorliegenden Werkstoffhärte und des Werkstoffgefüges erfolgt über Federschliffe. Zusätzlich werden Eigenspannungsbestimmungen an unterschiedlichen Messorten, -tiefen und -richtungen im ungeprüften als auch im geprüften Zustand durchgeführt. Eine Abgrenzung der Oberflächentopologie erfolgt über eine lichtmikroskopische Analyse. Im Anschluss an die Schwingversuche werden eine fraktografische Untersuchung der Bruchfläche, als auch eine Analyse der Oberflächentopologie durchgeführt.

Numerische Untersuchungen zur Bewertung der Federvarianten sind in Kapitel 9 aufgeführt. Die Vorgehensweise des FE-Modellaufbaus in Form der Geometrieableitung, Netzdiskretisierung, Kontaktdefinition und Festlegung der Randbedingungen ist in Kapitel 9.1 dargelegt. Die FE-Validierung erfolgt über das Abwälzverhalten zwischen angeschliffener und erster federnder Windung. Zu diesem Zweck wird der numerisch ermittelte Abstand zwischen den Windungen mit dem experimentell ermittelten Kontaktwinkel aus der Lichtspaltmethode abgeglichen. Um Aufschluss über das nichtlineare Einfederungsverhalten zu erhalten, werden die Schnittgrößen und der maximale Kontaktdruck entlang der Federspur bei unterschiedlichen Lasten ausgewertet. Des Weiteren wird zur Bestimmung der lokal vorherrschenden Beanspruchung das nichtlineare Übertragungsverhalten zwischen globaler Federkraft und örtlichem Spannungstensor bestimmt, sowie in einen geeigneten Schadensparameter überführt.

Kapitel 10 beinhaltet eine FE-Parametervariation zur Beurteilung zusätzlicher Einflüsse auf die Kontaktbeanspruchung im Endwindungsbereich. Dies berücksichtigt den Einfluss von globalen Geometrieparametern wie Gesamtwindungsanzahl, Federdurchmesser, Drahtdurchmesser als auch die Variation der Schleifwinkels.

In Kapitel 11 werden Maßnahmen zur Reduktion des Endwindungsbruchrisikos aufgezeigt und es wird eine Herangehensweise zur fertigungsnahen Ableitung einer günstigen Endwindungsgeometrie vorgestellt. Die lokale Schädigungsbewertung beruht auf der in Kapitel 9 durchgeführten Nachrechnung der Schwingversuche. Über die Auswertung des Spannungstensors und unter Verwendung eines geeigneten Schadensparamaters erfolgt die Ableitung lokaler Beanspruchbarkeiten. Hierdurch wird eine örtliche, auf Bauteilversuchen basierte Quantifizierung des Schadensmechanismus ermöglicht. Eine abschließende Zusammenfassung der Erkenntnisse und der Ausblick finden sich in Kapitel 12.

Kapitel 4

Halbzeugcharakterisierung

Das nachfolgende Kapitel beinhaltet die Untersuchung des Ausgangsmaterials, welches bei der Federherstellung verwendet wird und die Charakterisierung der Drähte unterschiedlicher Wärmebehandlung, welche zusätzlich bei den tribologischen Versuchen bzw. der Schwingprüfung verwendet werden. Ziel der Untersuchungen ist es die geometrie- und fertigungsunabhängigen Drahteigenschaften über die Gefügeausbildung, das Spannungs-Dehnungs-Verhaltens und die Oberflächenbeschaffenheit zu analysieren. Hierdurch ist es möglich etwaige Besonderheiten im Grundmaterial frühzeitig zu erkennen.

4.1 Chemische Zusammensetzung

Tabelle 4.1 zeigt die chemische Zusammensetzung der ölschlussvergüteten Drähte. Der Durchmesser des VD-SiCrV-Drahtes liegt bei $d = 3{,}48\,\mathrm{mm}$ und der Durchmesser des VD-SiCrVNi-Drahtes beträgt $d = 3{,}49\,\mathrm{mm}$. Auffälligkeiten in der chemischen Zusammensetzung werden nicht festgestellt.

Tabelle 4.1: Chemische Zusammensetzung der Werkstoffe

Halbzeug	C in %	Si in %	Mn in %	P in %	S in %	Cr in %	Ni in %	Cu in %	V in %	Al in %	Ti ppm
VD-SiCrV	0,63	1,41	0,6	0,011	0,005	0,65	-	0,01	0,106	0,002	5
VD-SiCrVNi	0,59	2,06	0,78	0,008	0,007	1,00	0,22	0,02	0,086	0,003	15

4.2 Gefügeausbildung

Im Laufe des konventionellen Federherstellprozesses durchläuft der Draht mehrere Wärmebehandlungsschritte. Um Rückschlüsse auf das veränderte Materialverhalten zu erhalten, wird ein Teil der VD-SiCrV-Drähte einem zweistufigen Wärmebehandlungsprozess an der TU Ilmenau unterzogen. In Anlehnung an die Wärmebehandlungsparameter nach dem Winden und Strahlen werden die Drähte zunächst 30 min einer Temperatur von 430 °C und danach 30 min einer Temperatur von 240 °C ausgesetzt. Die Gefügeausbildung der ölschlussvergüteten Drähte ist in Abbildung 4.1 dargestellt.

a) b) c)

Abbildung 4.1: Drahtschliffe mit martensistischer Gefügestruktur a) Draht aus VD-SiCrV (ohne WBH), b) Draht aus VD-SiCrV mit Wärmebehandlung (WBH), c) Draht aus VD-SiCrVNi (ohne WBH)

Im Längsschliff sind bei allen Drahtproben fein verteilte Mangansulfidzeilen als auch Titancarbonitride zu erkennen. Nach dem Anätzen zeigt sich ein martensitisches Gefüge mit fein verteilten Ausscheidungscarbiden. Die Martensitnadellänge ist kleiner

8 µm. Beim VD-SiCrVNi-Draht sind die Seigerungszeilen etwas breiter ausgebildet als bei den beiden anderen Varianten. Zusätzlich zu den Gefügeuntersuchungen wird senkrecht zur Drahtachse der Härteverlauf ermittelt. Die HV0,1-Messung erfolgt mit einer Schrittweite von 20 µm und anhand drei zueinander leicht versetzter Messreihen. Im Mittel beträgt die Härte beim VD-SiCrVNi-Draht 644 HV0,1, beim VD-SiCrV-Draht 615 HV0,1 und beim VD-SiCrV-Draht mit nachgelagerter Wärmebehandlung (VD-SiCrV WBH) 572 HV0,1. Bei allen Varianten wird eine homogene Härteverteilung festgestellt, s. Abbildung A.1.

4.3 Quasi-statische Zugversuche

Die Durchführung der Zugversuche erfolgt an der TU Ilmenau mit einer Universalprüfmaschine der Firma Tira. Abbildung 4.2 zeigt die Spannungsdehnungskurve der VD-SiCrV-Drähte und VD-SiCrVNi-Drähte im Anlieferungszustand, sowie den Verlauf des VD-SiCrV-Drahtes nach einer vorherigen Wärmebehandlung. Je Variante werden drei Proben geprüft. In Tabelle B.1 sind die gemittelten Ergebnisse der Zugversuche aufgelistet. Der E-Modul wird in einem Spannungsbereich zwischen $\sigma_Z = 500\,\text{MPa}$ und $\sigma_Z = 1000\,\text{MPa}$ ermittelt. Der VD-SiCrVNi-Draht zeigt höhere Zugfestigkeitswerte als die Drahtproben aus VD-SiCrV, was mit der Härtmessung aus dem vorherigen Abschnitt korreliert.

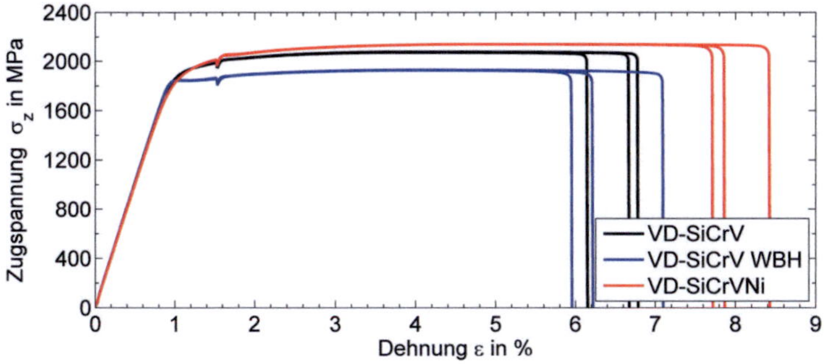

Abbildung 4.2: Zugversuche der Drahtproben

4.4 Quasi-statische Torsionsversuche

An der TU Ilmenau werden neben den Zug- auch die Torsionsversuche durchgeführt. Die Verläufe der Torsionsversuche sind in Abbildung 4.3 und die gemittelten Kennwerte in Tabelle B.2 eingetragen. Für jede Variante werden drei Proben geprüft. Die Ermittlung des Schubmoduls findet in einem Spannungsintervall zwischen τ_T =100 MPa und τ_T =500 MPa statt. Die Ergebnisse der Torsionsversuche weisen einen ähnlichen Verlauf auf wie die Zugversuche.

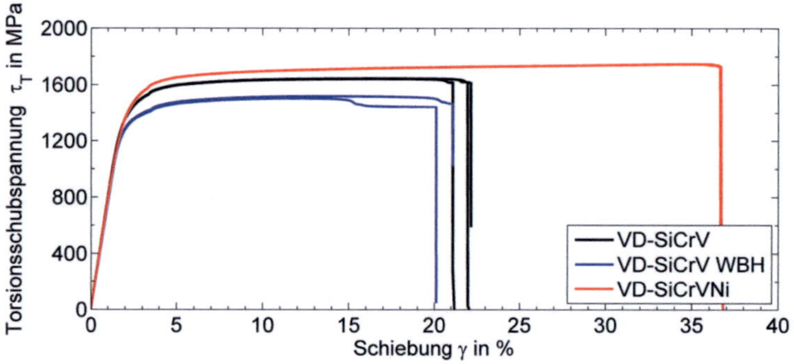

Abbildung 4.3: Torsionsversuche der Drahtproben

4.5 Oberflächenbeschaffenheit

Über ein konfokales Lasermikroskop erfolgt die Bestimmung der gemittelten Rauhtiefe R_Z und die Ableitung der Materialanteilskurve (Abbott-Kurve). Die Mess- bzw. Auswerterichtung befindet sich senkrecht zur Drahtachse. Alle Halbzeuge liegen im geschälten Zustand vor. Abbildung 4.4 a) zeigt die Oberflächentolopgie des VD-SiCrV-Drahtes und Abbildung 4.4 b) die Topologie des VD-SiCrVNi-Drahtes.

Das Drahtprofil wird über einen Polynomansatz zweiter Ordnung herausgerechnet und der Messbereich beträgt 320 µm auf 320 µm. In Abbildung 4.5 sind die Materialanteilskurven der beiden Halbzeuge aufgetragen. Über die Kurven lässt sich die Zunahme des Materialanteils mit der Tiefe im Rauheitsprofil beschreiben [27]. Bei einem Materialanteil von 50% liegen die Hälfte der Materialanteile ober- bzw. unterhalb der dazugehörigen Schnittlinienlage. Die Bestimmung der Kernrauhtiefe R_K erfolgt nach

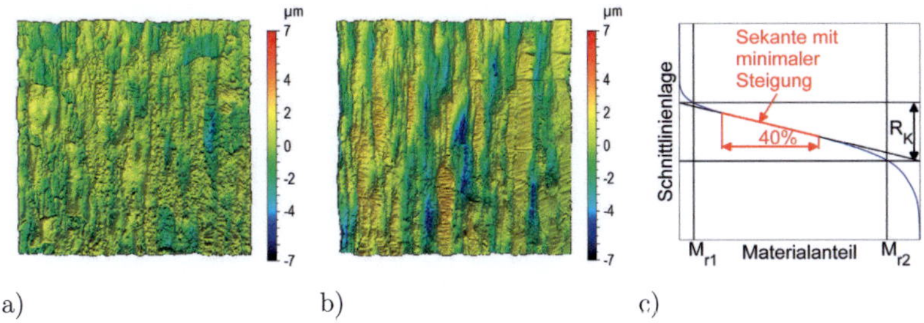

Abbildung 4.4: a) Oberflächentopologie des VD-SiCrV-Drahtes, b) Oberflächentopologie des VD-SiCrV-Drahtes, c) Vorgehen bei der Ermittlung der Kernrautiefe aus der Materialanteilskurve

DIN 4776 [27]. Für die Auswertung der Materialanteilskurve werden unterschiedliche Sekanten mit einer Materialanteildifferenz von 40% in das Diagramm eingezeichnet und die Sekante mit der geringsten Steigung wird zur Ermittlung der Kernrauhtiefe R_K sowie der Materialanteile M_{r1} und M_{r2} herangezogen, s. Abbildung 4.4 c). Die größten bzw. kleinsten Materialeinteile der Kernrauhtiefe werden durch M_{r1} bzw. M_{r2} beschrieben. Beim VD-SiCrV-Draht beträgt die Kernrauhtiefe $R_K = 0{,}9\,\mu\text{m}$ und

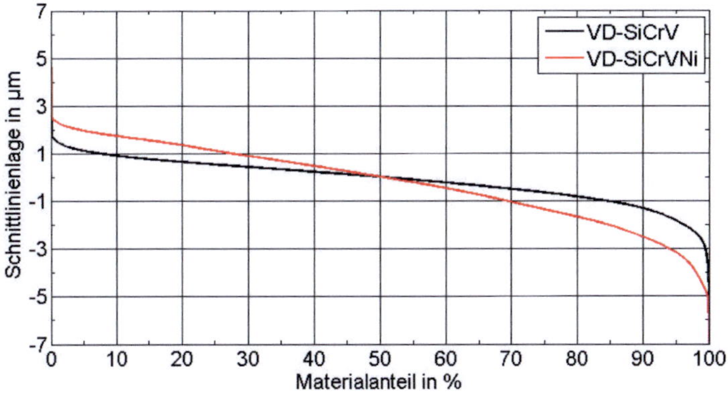

Abbildung 4.5: Abbottkurve des VD-SiCrV-Drahtes und des VD-SiCrVNi-Drahtes

beim VD-SiCrVNi-Draht $R_K = 4{,}3\,\mu\text{m}$. Der flachere Verlauf der Materialanteilskurve spiegelt sich am VD-SiCrV-Draht in einer geringeren Kernrauhtiefe wider. Die Bestimmung der Einzelmesstrecken zur Ermittlung der gemittelten Rauhtiefe R_Z erfolgt nach DIN 4288 [34]. Die Rauhtiefe beträgt beim VD-SiCrV-Draht $R_Z = 5\,\mu m$ und beim VD-SiCrVNi-Draht $R_Z = 8{,}5\,\mu m$. Die Kennwerte der Materialanteilskurve als auch die gemittelten Rauhtiefen sind in Tabelle 4.2 aufgeführt.

Tabelle 4.2: Oberflächenwerte des VD-SiCrV-Drahtes und des VD-SiCrVNi-Drahtes

Halbzeug	R_Z in µm	R_K in µm	M_{r1} in %	M_{r2} in %
VD-SiCrV	5	0,9	6	86
VD-SiCrVNi	8,5	4,3	2	86

4.6 Zusammenfassung Halbzeugcharakterisierung

Bei allen untersuchten Drahtvarianten hat sich ein martensitisches Gefüge mit fein verteilten Ausscheidungscarbiden eingestellt. Die Schliffe zeigen eine typische Gefügeausprägung. Die Drahtvariante mit zusätzlicher Wärmebehandlung zeigt geringere Festigkeitswerte als die Drahtvarianten ohne nachgelagerte Wärmebehandlung, was mit dem Härtewerten korreliert. Einen Einfluss der Wärmebehandlung auf die Gefügeausbildung wird nicht festgestellt. Der VD-SiCrVNi-Draht weist im Gegensatz zum VD-SiCrV-Draht eine erhöhte Oberflächenrauhigkeit auf, wobei die Oberflächenbeschaffenheit beider Halbzeuge im Bereich weniger µm liegt, was auf keine größeren Auffälligkeiten in der Oberflächenbeschaffenheit schließen lässt.

Kapitel 5

Schwingversuche und tribologische Untersuchungen an Drahtproben

5.1 Reib- und Verschleißversuche

Beim Zusammendrücken einer Feder ist nicht nur die Kontaktkraft, sondern auch die nachgiebige Geometrie und die Kontaktkinematik von der Federbelastung abhängig. Aufgrund des komplexen Abwälzverhaltens im Endwindungsbereich, erfolgt die gezielte Untersuchung des Reib- und Verschleißverhaltens an Drahtproben. Zielsetzung hierbei ist es, den Einfluss variierender Werkstoffe, Kontaktkräfte als auch Zyklenanzahl herauszuarbeiten.

5.1.1 Versuchsdurchführung

Die Prüfungen finden an einem Schwingungs-Reibverschleiß-Prüfsystem der Firma Optimol Instruments Prüftechnik GmbH Typ SRV4 statt. Die Anordnung der Drahtproben erfolgt unter einem Winkel von $\pm 30°$ zur Bewegungsrichtung, s. Abbildung 5.1. Alle Versuche finden im Öl-Tauchbad statt, wofür Hydrauliköl mit dem Handelsnamen Panolin HLP 46 verwendet wird, welches auch für die zyklischen Federversuche zum Einsatz kommt. Die kinematische Viskosität beträgt $47\,\mathrm{mm^2\,s^{-1}}$ bei $40\,°\mathrm{C}$ und die Dichte $0{,}918\,\mathrm{g\,cm^{-1}}$ bei $15\,°\mathrm{C}$. Die Wegdifferenz pro Halbzyklus beträgt $\Delta s = 0{,}2\,\mathrm{mm}$. Senkrecht zur Bewegungsrichtung erfolgt die Lasteinleitung, wobei die Lastaufbringung über einen Kraftsensor (Messbereich bis 200 N) geregelt wird.

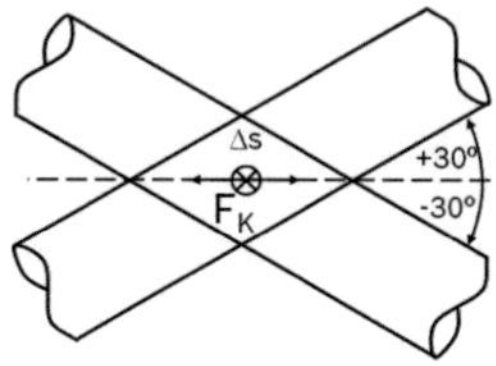

Abbildung 5.1: Versuchsaufbau SRV

Schwerpunkt bildet die Untersuchung des VD-SiCrVNi-Drahtes, da aus diesem die Versuchsfedern für die Schwingprüfung gefertigt werden. Entsprechend Tabelle 5.1 werden Versuche an unterschiedlichen Werkstoffen, bei unterschiedlichen Wärmebehandlungszuständen, Kontaktkräften und Zyklenzahl durchgeführt. Zu Beginn des Einscheuervorganges beträgt die Frequenz 10 Hz und die Kontaktkraft 10 N. Während des Einscheuervorganges wird zunächst die Kontaktkraft sukzessiv um 10 N/min erhöht bis die Sollprüfkraft erreicht ist, danach folgt die Frequenzerhöhung um 10 Hz/min bis zu einer Prüffrequenz von 100 Hz. Pro Drahtvariante werden drei Einzelversuche durchgeführt, somit ergeben sich sechs Drahtproben für die Verschleißauswertung bei einer Variante.

Tabelle 5.1: Versuchsmatrix der Reib- und Verschleißversuche

Werkstoff	Zyklenzahl	Kontaktkraft in N			
		25	50	100	150
VD-SiCrVNi	$1 \cdot 10^6$			•	
	$1 \cdot 10^7$	•	•	•	•
	$5 \cdot 10^7$			•	
VD-SiCrV	$1 \cdot 10^7$			•	
VD-SiCrV WBH	$1 \cdot 10^7$			•	

5.1.2 Werkstoff- und Wärmebehandlungseinfluss

Um Aufschluss über das Reib- und Verschleißverhalten von unterschiedlichen Drähten zu erhalten, werden Verschleißprüfungen an VD-SiCrV-Drähten und VD-SiCrVNi-Drähten durchgeführt. Aufgrund der fertigungstechnischen Wärmebehandlung von konventionell gefertigten Federn und den veränderten Härtekennwerten, werden zusätzlich VD-SiCrV-Drähte mit vorangegangener Wärmebehandlung geprüft. Abbildung 5.2 a) zeigt den Reibwert in Abhängigkeit von der Schwingspielzahl bzw. des absoluten Verschleißweges. Die zu Beginn der Prüfung auftretenden hohen Reibwertspitzen deuten auf lokale Materialausbrüche hin.

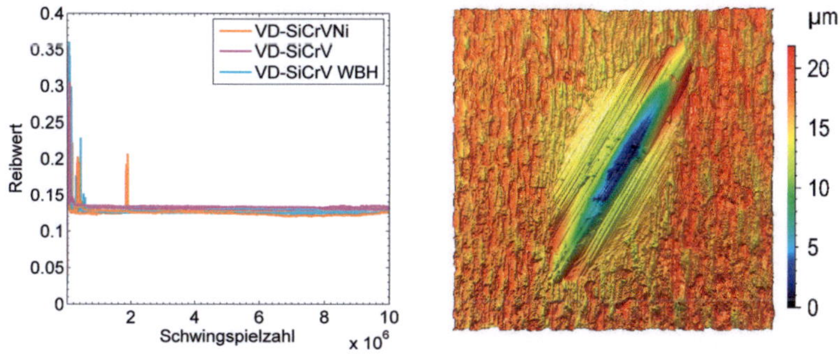

a) b)

Abbildung 5.2: a) Reibwerte in Abhängigkeit der Zyklenzahl b) Höhenprofil der Drahtoberfläche nach $N = 1 \cdot 10^5$ Zyklen

Zur näheren Untersuchung werden vereinzelt Drahtproben bis $N = 1 \cdot 10^5$ Zyklen geprüft. Bei der anschließenden Oberflächenanalyse werden teilweise Ausbrüche mit einer Tiefe bis zu 20 µm festgestellt s. Abbildung 5.2 b). Mit zunehmender Schwingspielzahl bildet sich bei allen Varianten ein konstanter Reibwert aus. Im Mittel liegt der Reibwert bei $\mu = 0{,}14$, ein signifikanter Werkstoff- oder Wärmebehandlungseinfluss kann nicht festgestellt werden.

Die Ermittlung der in Abbildung 5.3 aufgeführten Verschleißkenngrößen erfolgt über ein konfokales Lasermikroskop vom Typ nanofocus µsurf. Das verwendete Objektiv besitzt eine 50-fache Vergrößerung und eine numerische Apertur von 0,95. Im arithmetischen Mittel weisen die VD-SiCrVNi-Drähte ein geringeres Verschleißvolumen und eine geringere Verschleißoberfläche auf als die VD-SiCrV-Drähte. Die Wärmebehandlung am VD-SiCrV-Draht, welche entsprechend Kapitel 4.3 bzw. Kapitel 4.4 einen Festigkeitsabfall zur Folge hat, führt zu einer Vergrößerung der Verschleißoberfläche und des Verschleißvolumens. Die Unterschiede bei den Verschleißtiefen fallen

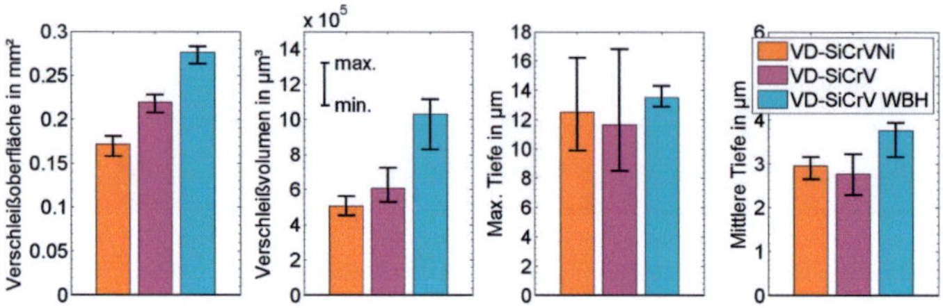

Abbildung 5.3: Materialeinfluss der Verschleißkenngrößen

deutlich geringer aus. Die mittlere Verschleißtiefe liegt zwischen 2,8 µm und 3,8 µm, die maximale Tiefe variiert zwischen 12 µm und 14 µm. Nähert man den abgetragenen Materialanteil über ein ellipsoidförmiges Volumen an, dann ist das Verschleißvolumen proportional zum Produkt aus Verschleißoberfläche und Verschleißtiefe.

5.1.3 Krafteinfluss

Um den funktionalen Zusammenhang zwischen Volumenabtrag und Kontaktkraft des tribologischen Systems zu ermitteln, wird am VD-SiCrVNi-Draht die Kontaktkraft zwischen 25 N und 150 N variiert. Die ermittelten Verschleißkenngrößen sind in Abbildung 5.4 zusammengefasst. Bei allen untersuchten Kontaktkräften hat ein Kraftanstieg eine Verschiebung der Verschleißkennwerte hin zu größeren Werten zur Folge. In Abbildung 5.5 ist das Verschleißvolumen in Abhängigkeit der Kontaktkraft aufgetragen. Die approximierte Polynomfunktion dritter Ordnung weist einen Korrelationskoeffizienten von $R^2 = 0,99$ auf.

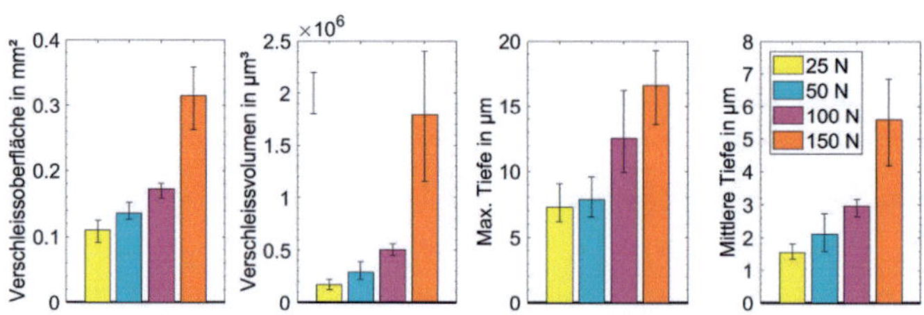

Abbildung 5.4: Krafteinfluss der Verschleißkenngrößen

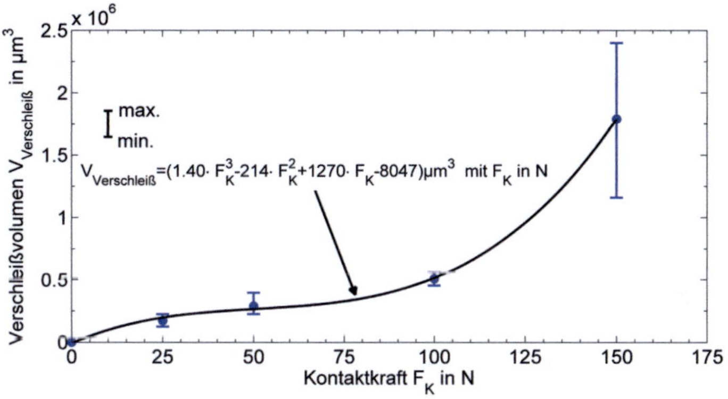

Abbildung 5.5: Verschleißvolumen in Abhängigkeit von der Kontaktkraft nach $N = 1 \cdot 10^7$ Zyklen

5.1.4 Schwingspielzahleinfluss

Der Schwingspielzahleinfluss wird am VD-SiCrVNi-Draht bei einer Kontaktkraft von 100 N untersucht. Deutliche Unterschiede stellen sich bei den Verschleißoberflächen und den Verschleißvolumen ein, s. Abbildung 5.6. Die Mittelwerte der maximalen Tiefen liegen zwischen 10 µm und 14 µm. Ein Anstieg der mittleren Tiefe ist lediglich bei einer Zyklenzahl von $N = 50 \cdot 10^6$ feststellbar. Bei Auftragung des Verschleißvolumens

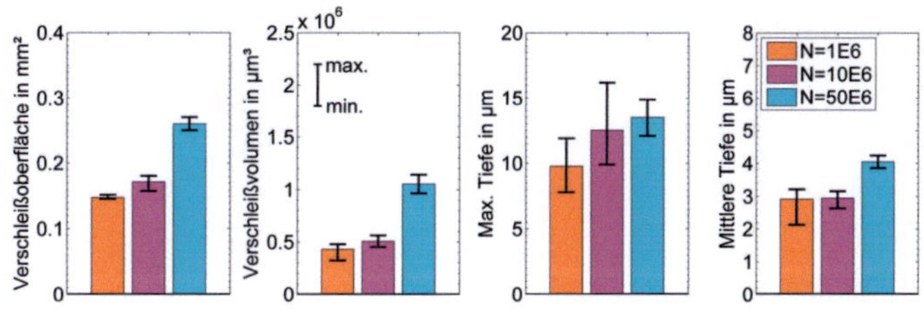

Abbildung 5.6: Verschleißkenngrößen bei Variation der Schwingspielzahl

in Abhängigkeit von der Schwingspielzahl stellt sich der in Abbildung 5.7 aufgeführte Verlauf ein. Die starke Zunahme des abrasiven Verschleißes bis $N = 1 \cdot 10^6$ Zyklen lässt sich auf das Einglätten der ursprünglich rauhen Ziehstruktur zurückführen. Der Korrelationskoeffizient der approximierten Potenzfunktion beträgt $R^2 = 0,95$.

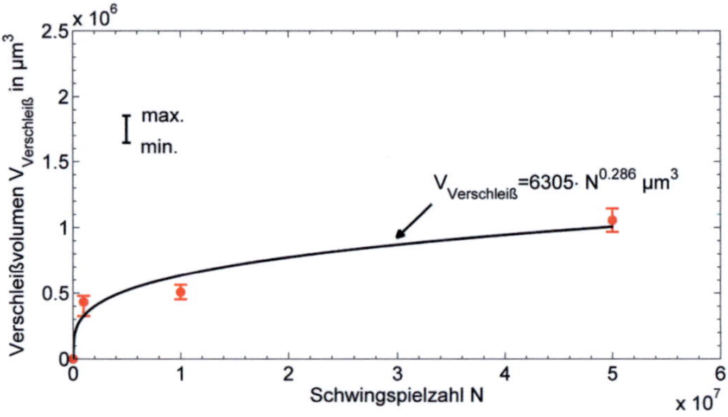

Abbildung 5.7: Volumenabtrag in Abhängigkeit der Zyklenanzahl

5.1.5 Zusammenfassung Reib- und Verschleißversuche

Die Verschleißversuche zeigen, dass während des Einscheuervorganges der rauhen Oberflächen lokal große Materialausbrüche hervorgerufen werden können und das Verschleißvolumen in Abhängigkeit der Schwingspielzahl bzw. Kontaktkraft in guter Näherung über ein Potenzgesetz bzw. ein Polynom dritter Ordnung angenähert werden kann. Drähte geringerer Materialhärte weisen erhöhten Verschleiß auf, vgl. Anhang A.1. Wie aus Abbildung 5.5 ersichtlich, kommt es bei hohen Kontaktkräften zu einem überproportionalem Anstieg des Verschleißvolumens als auch der Streuspanne. Die Variation der Zyklenzahl in Abbildung 5.7 hat ergeben, dass sich zu Beginn ein hoher abrasiver Verschleiß einstellt, der mit zunehmender Zyklenanzahl abflacht. Auffallend große Streuungen bei der Zyklenvariation werden nicht festgestellt.

5.2 Umlaufbiegeversuche

Die Durchführung der Umlaufbiegeversuche dient zur Ermittlung der zyklischen Drahtkennwerte an ölschlussvergüteten Drähten mit und ohne vorherige Wärmebehandlung. Da zwischen den Windungen im Endwindungsbereich im allgemeinen eine nicht kugelgestrahlte Oberfläche vorliegt, werden die Drahtproben keiner speziellen Oberflächenverfestigung unterzogen. Entsprechend den Angaben der Drahthersteller [144, 145], können punktuelle Oberflächendefekte von bis zu 40 µm auftreten. Um den Einfluss rissartiger Oberflächendefekte auf das zyklische Materialverhalten zu untersuchen, werden mit einem Ultrakurzpuls-Laser gezielt Oberflächendefekte in Drahtproben eingebracht. Die Auftragung der Ergebnisse (Grenzschwingspielzahl $N_G = 1 \cdot 10^7$) in ein Kitagawa-Diagramm liefert Aufschluss darüber in welchem Maße rissartige Defekte definierter Größe die Schwingfestigkeit mindern.

5.2.1 Versuchsdurchführung

Die Versuchsdurchführung findet am Umlaufbiegeprüfstand der Technischen Universität Ilmenau statt. Der Prüfstand besteht aus vier unabhängig voneinander einstellbaren Prüfplätzen, s. Abbildung 5.8. Die maximale Prüffrequenz beträgt ca. 80 Hz. Während der Prüfung wird der Draht einer konstanten Krümmung unterworfen. Entsprechend der schubstarren Balkentheorie (Bernoullische Annahmen) ist die Krümmung proportional zum Biegemoment, was dazu führt, dass sich entlang der Drahtachse ein konstantes Biegemoment ausbildet. Um eine möglichst gleichmäßige Kraftein-

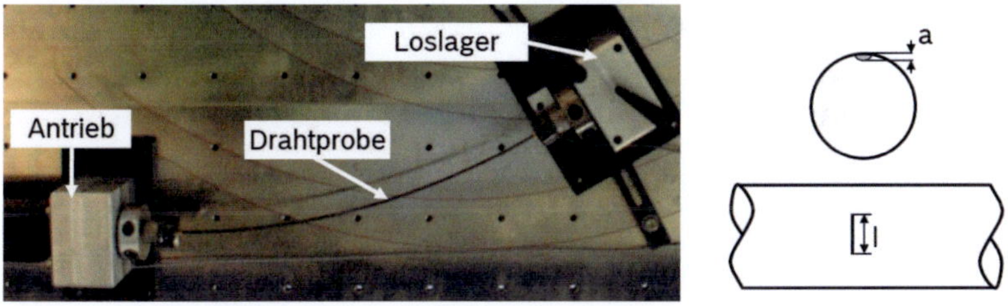

a) b)

Abbildung 5.8: a) Prüfplatz der Umlaufbiegeprüfmaschine mit eingespannter Drahtprobe, b) Risskonfiguration im Draht

und ausleitung zu erhalten, kommen bei der Drahteinspannung Kunststoffhülsen zum Einsatz. In den Schwingversuchen wird die Defekttiefe am VD-SiCrVNi-Draht und VD-SiCrV-Draht mit vorangegangener Wärmebehandlung, entsprechend Tabelle 5.2, variiert. Um eine statistische Auswertung bei einer Grenzschwingspielzahl von $N_G = 1 \cdot 10^7$ durchzuführen, werden die Lastniveaus der Drahtvarianten sukzessiv angepasst. Für die Defekteinbringung wird ein Ultrakurzpuls-Laser des Typs TruMicro 500 verwendet. Die Pulszeit dieses Verfahrens liegt im Pikosenkundenbereich,

Tabelle 5.2: Versuchsmatrix der Umlaufbiegeversuche

Werkstoff	ohne künstlichen Defekt (OKD)	Defekttiefe in µm			
		10	20	60	100
VD-SiCrVNi	•	•	•		•
VD-SiCrV WBH	•	•	•	•	•

was zur Folge hat, dass der Werkstoff schnell verdampft und keine Wärmeeinflusszone erkennbar ist. Die Defektorientierung erfolgt senkrecht zur Drahtachse und die Defektlänge beträgt $l = 300\,\mu m$, s. Abbildung 5.8 b). Um möglichst rissähnliche Fehlstellen zu erhalten, wird die Lichtintensität, die Brennweite und die Anzahl der Laserimpulse variiert. Längsschliffe der künstlich eingebrachten Defekte sind in Abbildung 5.9 gegenübergestellt. Oberflächenungänzen mit einer Tiefe von 10 µm und 20 µm weisen eine ausgerundete Kontur, Defekte von 60 µm und 100 µm eine deutlich rissähnlichere Kontur auf.

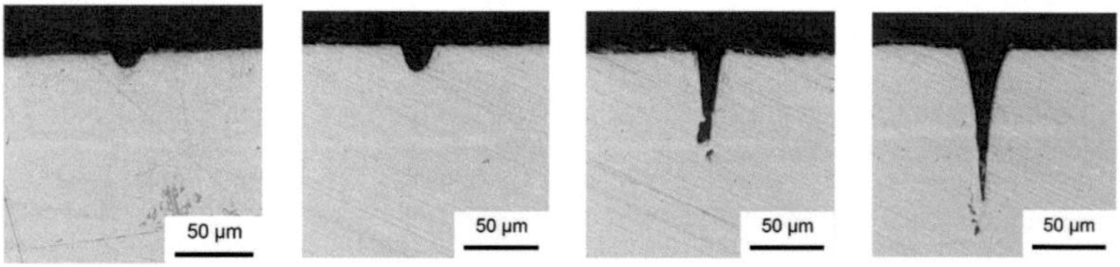

a) b) c) d)

Abbildung 5.9: Drahtlängsschliffe der künstlich erzeugten Oberflächendefekte mit einer Defekttiefe von a) $a = 10\,\mu m$, b) $a = 20\,\mu m$, c) $a = 60\,\mu m$ und d) $a = 100\,\mu m$

5.2.2 Auswertung

An den in der Drahtmitte, zwischen den Einspannstellen gebrochenen Proben werden fraktografische Untersuchungen durchgeführt. Abbildung 5.10 a) zeigt die Bruchfläche einer Drahtprobe ohne eingebrachten Defekt mit Bruchausgang an der Oberfläche, Abbildung 5.10 b) die Bruchfläche mit einer künstlichen Defekttiefe von 20 µm. Bei den nicht vorgeschädigten Drähten befindet sich der Bruchausgang an der Oberfläche, bei allen vorgeschädigten Drähten an der Oberfläche der eingebrachten Fehlstelle. Schwingbrüche aufgrund nichtmetallischer Einschlüsse werden nicht festgestellt. In

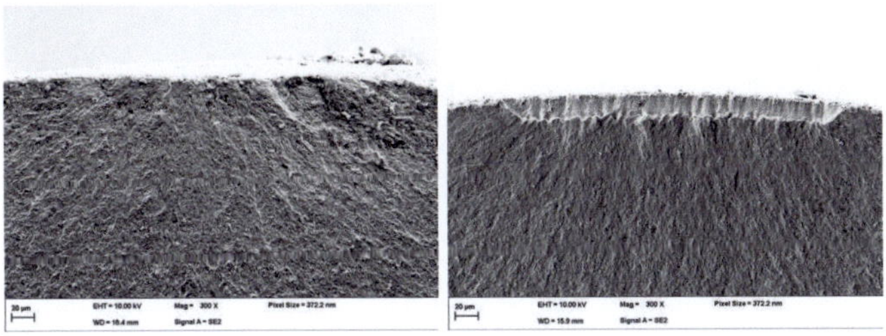

a) b)

Abbildung 5.10: Bruchfläche der Drahtproben a) ohne künstlichen Defekt mit Bruchlage in der Drahtmitte und Bruchausgang an der Oberfläche, b) Defektiefe 20 µm mit Bruchlage in der Drahtmitte und Bruchausgang an der künstlichen Defektstelle

Abbildung 5.11 sind die Einzelergebnisse der Drahtvariante VD-SiCrV WBH für die Defektiefen 10 µm, 20 µm, 60 µm, 100 µm sowie die Referenzergebnisse der Drahtvariante ohne künstlichen Defekt (OKD) eingezeichnet. Brüche im Bereich der Einspan-

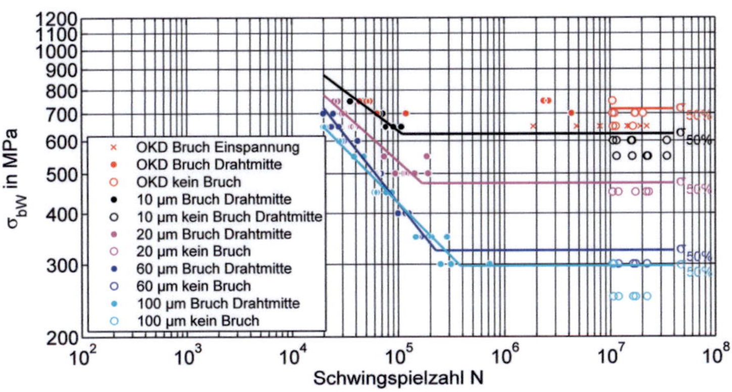

Abbildung 5.11: Schwingfestigkeitsergebnisse der künstlich und nicht künstlich vorgeschädigten Drahtproben aus VD-SiCrV mit vorhergehender Wärmebehandlung

nung, welche vereinzelt bei der Drahtvariante ohne künstlichen Defekt aufgetreten sind, werden in der statistischen Auswertung nicht berücksichtigt. Die Grenzschwingspielzahl beträgt $1 \cdot 10^7$ Schwingspiele. Im Zeitfestigkeitsbereich erfolgt die statistische Auswertung anhand des Perlenschnurverfahrens. Über eine Regressionsanalyse der kleinsten Fehlerquadrate wird zunächst die Neigung der Wöhlerlinie ermittelt, im nächsten Schritt werden die Versuchspunkte über die Neigung k auf einen beliebigen Auswertehorizont verschoben und statistisch ausgewertet, s. [100]. Die Regression erfolgt in Spannungsrichtung und die Auswertung im Übergangsgebiet wird über das Probit-Verfahren realisiert. Für den Zeitfestigkeitsbereich als auch für das Übergangsgebiet (Bereich der Langzeitfestigkeit, Dauerfestigkeit) wird eine logarithmische Normalverteilung angenommen. Die Schwingfestigkeitsauswertung wird anhand des Wöhlerlinientyps eins durchgeführt, s. DIN 50100 [28]. Beim VD-SiCrV-Draht führt eine Defektiefe von 20 µm zu einem Schwingfestigkeitsabfall von 34% und eine Defektiefe von 100 µm zu einem Abfall von 59%. Die Ergebnisse der statistischen Auswertung sind in Tabelle B.4 zusammengefasst. Die Streuspannen $1/T_S$ und $1/T_N$ beschreiben das Verhältnis der Spannungs- bzw. Lebensdauerwerte bei 90% zu 10% Ausfallwahrscheinlichkeit und lassen sich anhand der Wöhlerlinienneigung k über

$$T_S = T_N^{(1/k)} \tag{5.1}$$

ineinander überführen. Die Eckschwingspielzahl N_E beschreibt den Abknickpunkt der Zeitfestigkeitsgerade. Die Versuchsergebnisse und die 50%-Wöhlerlinien des VD-SiCrVNi-Drahtes sind in Abbildung 5.12 eingetragen. Auch hier kommt es bei der Drahtvariante ohne künstlichen Defekt vereinzelt zu Brüchen im Bereich der Einspannung. Die statistische Auswertung ist in Tabelle B.5 zusammengefasst. Beim VD-SiCrVNi-Draht führt eine Defektiefe von 20 µm zu einer Reduktion der Schwingfestigkeit um 39% und eine Defektiefe von 100 µm zu einer Verringerung um 60%.

Vergleicht man die nicht vorgeschädigten Drahtvarianten miteinander, dann liegt die Wechselfestigkeit der VD-SiCrVNi-Drahtprobe um 14% höher als die ermittelte Wechselfestigkeit der VD-SiCrV-Drahtprobe mit vorhergehender Wärmebehandlung. Bei einer Defekttiefe von 100 µm verringert sich der Unterschied auf 9%.

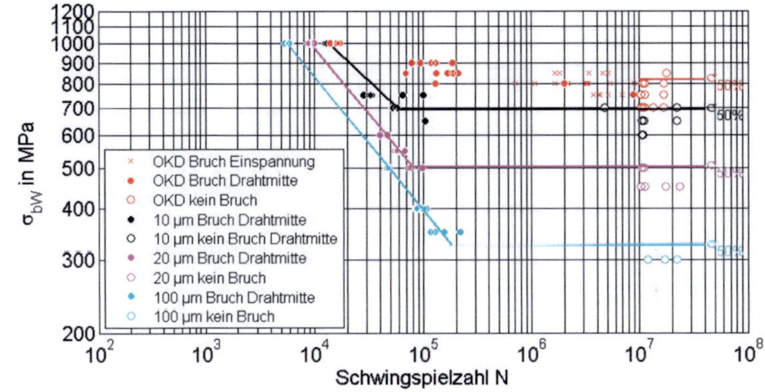

Abbildung 5.12: Schwingfestigkeitsergebnisse der künstlich und nicht künstlich vorgeschädigten Drahtproben aus VD-SiCrVNi

5.2.3 Bruchmechanische Betrachtung

Bezieht man die dauerfest ermittelten Biegewechselfestigkeiten der künstlich vorgeschädigten auf die dauerfeste Biegewechselfestigkeit σ_{bW} ($N_G = 1 \cdot 10^7$) der nicht künstlich vorgeschädigten Drahtprobe σ_{bW}^{OKD} und trägt die Werte in Abhängigkeit von der Defekttiefe a auf, dann erhält man das in Abbildung 5.13 dargestellte Kitagawa-Diagramm. In der doppellogarithmischen Darstellung reihen sich die 50%-Werte beider Werkstoffe entlang einer Geraden auf. Die Approximation der Versuchspunkte durch ein Potenzgesetz ergibt

$$\sigma_{bW} = 1.84\sigma_{bW}^{OKD} \cdot \left(\frac{a}{\mu m}\right)^{-0.34} \quad \text{mit} \ \ (10\,\mu\text{m} < a < 100\,\mu\text{m})\,. \tag{5.2}$$

Bei der durchgeführten Approximation beträgt der Korrelationskoeffizient $R^2 = 0,98$. Der Abknickpunkt zwischen horizontaler und abfallender Geraden befindet sich bei 6 µm und liegt zwischen den in Kapitel 4.5 ermittelten R_Z-Werten. Bei einer Defekttiefe von $a = 20\,\mu\text{m}$ sind weniger als 70% und bei $a = 100\,\mu\text{m}$ sind ca. 40% von der ursprünglichen Schwingfestigkeit vorhanden. Liegt im nicht kugelgestrahlten Bereich der Endwindung ein Oberflächendefekt dieser Größenordnung vor, dann führt dies zu einer signifikanten Reduktion der örtlichen Beanspruchbarkeit.

Eine Näherungslösung zur Ermittlung des Spannungsintensitätsfaktors einer auf Bie-

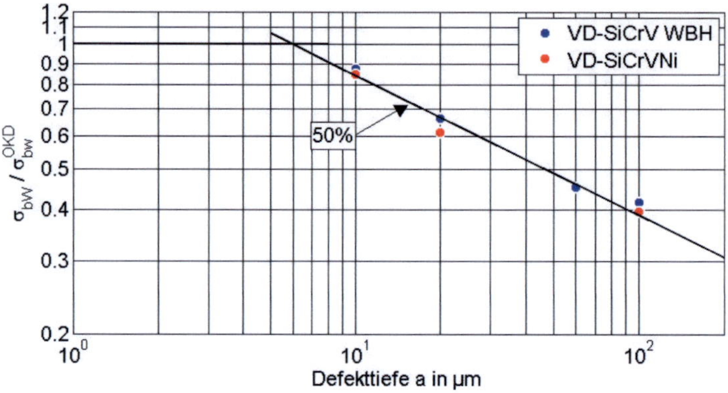

Abbildung 5.13: Kitagawa-Diagramm der Umlaufbiegeversuche bei einer Grenzschwingspielzahl von $N_G = 10 \cdot 10^6$

gung belasteten Welle mit einem senkrecht zur Wellenachse ausgerichteten halbelliptischen Oberflächenriss, s. Abbildung 5.14, ist von Murakami in [108] angegeben. Der

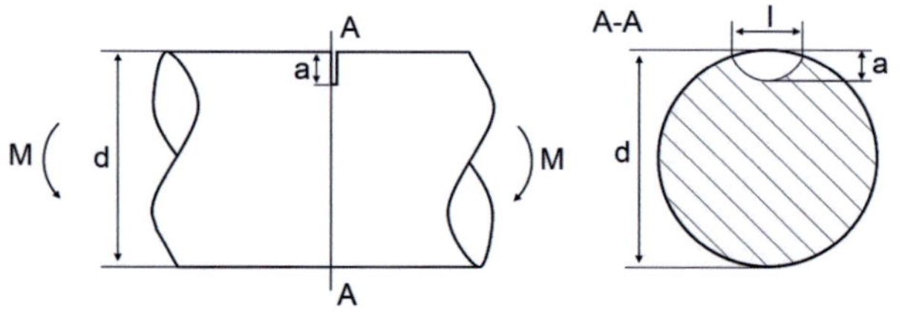

Abbildung 5.14: Auf Biegung beanspruchte Welle mit halbelliptischen Oberflächenriss, nach [108]

Spannungsintensitätsfaktor bestimmt sich über

$$K_W^B = \frac{32M}{\pi d^3}\sqrt{\pi a} \cdot F_W^B \tag{5.3}$$

wobei F_W^B der Formfaktor der biegebeanspruchten Welle darstellt. Nach Murakami entspricht das Verhältnis des Formfaktors einer biegebeanspruchten Welle F_W^B zu einer zugbeanspruchten Welle F_W^Z in guter Näherung dem Verhältnis des Formfaktors einer biegebeanspruchten Platte F_P^B zu einer zugbeanspruchten Platte F_P^Z, daher kann der Formfaktor einer biegebeanspruchten Welle über die Gleichung

$$F_W^B \approx F_W^Z \cdot \frac{F_P^B}{F_P^Z} \tag{5.4}$$

ermittelt werden. Mit $\beta = \frac{2a}{l}$ und $\lambda = \frac{l}{2d}$ lässt sich der Formfaktor einer auf Zug beanspruchten Welle

$$\begin{aligned} F_W^Z = & \left(1,122 - 0,230\beta - 0,901\beta^2 + 0,949\beta^3 - 0,280\beta^4\right) \\ & \cdot \left(1,0 + 0,157\lambda - 0,634\lambda^2 + 4,590\lambda^3 - 6,628\lambda^4\right), \end{aligned} \tag{5.5}$$

mit $\kappa = \frac{a}{d}$ der Formfaktor einer auf Biegung beanspruchten Platte

$$F_P^B = 1,121 - 1,199\kappa + 4,775\kappa^2 - 1,628\kappa^3 - 7,035\kappa^4 + 13,27\kappa^5 \tag{5.6}$$

und der Formfaktor einer auf Zug beanspruchten Platte

$$F_P^Z = 1,12 - 0,231\kappa + 10,55\kappa^2 - 21,72\kappa^3 + 30,39\kappa^4 \tag{5.7}$$

bestimmen. Für $\beta = \frac{a}{d} \leq 0,25$ wird in [108] ein Fehler $< 10\%$ angegeben. Die approximierte Lösung gilt bei einer Querkontraktionszahl von $\nu = 0,3$.

Überführt man die Wechseldauerfestigkeiten mit Hilfe der linear elastischen Bruchmechanik (Gleichung 5.3) in ertragbare Spannungsintensitätsfaktoren, dann lässt sich für die beiden Werkstoffe jeweils ein mittlerer Spannungsintensitätsfaktor berechnen. Für die Variante VD-SiCrV WBH beträgt der mittlere Spannungsintensitätsfaktor $K_{th50\%} = 4{,}0 \ \mathrm{MPa}\sqrt{\mathrm{m}}$ und für den Werkstoff VD-SiCrVNi $K_{th50\%} = 4{,}3\ \mathrm{MPa}\sqrt{\mathrm{m}}$. Die prozentuale Abweichung der mittleren Spannungsintensitätsfaktoren befindet sich im einstelligen Prozentbereich und kann als nicht ausgeprägt erachtet werden.

Die größte Differenz der umgerechneten Spannungsintensitätsfaktoren bezogen auf den jeweiligen Mittelwert betragen beim VD-SiCrV-Draht (WBH) 4% und bei VD-SiCrVNi-Draht 7%. Eine signifikante Rissabhängigkeit liegt somit nicht vor, d. h. die pysikalische Modellvorstellung der linear elastischen Bruchmechanik kann für die untersuchten Werkstoffe, Geometriekonfiguration und den betrachteten Risstiefenbereich zutreffend angewendet werden.

Es lassen sich folgende Erkenntnisse auf den Endwindungsbereich von Schraubendruckfedern übertragen:

- Bei den untersuchten Drähten liegen ein werkstoffunabhängiger bezogener Schwingfestigkeitsabfall und eine hohe Rissempfindlichkeit vor. Daraus folgt, dass Federn aus ölschlussvergüteten Drähten in ungestrahlten Bereichen eine hohe Defektempfindlichkeit aufweisen.

- Anhand des Kitagawa-Diagrammes ist nun der Einfluss von Oberflächendefekten auf die Schwingfestigkeit von Federn im nicht kugelgestrahlten Endwindungsbereich quantifizierbar.

Kapitel 6

Fertigungsnahe Bewertung des Anlageverhaltens im Endwindungsbereich

Um entsprechend der in Kapitel 3 beschriebenen Vorgehensweise gezielt Federn mit variierendem Anlageverhalten zu fertigen, Endwindungsbrüche zu provozieren und ein Zuverlässigkeitskonzept abzuleiten, muss das Kontaktverhalten zwischen den Windungen quantifiziert werden. Da die Maschinenverfügbarkeit der Windemaschine begrenzt und die Anzahl der Fertigungsschritte hoch ist, wird ein fertigungsnahes Bewertungskriterium zur Beurteilung der Kontaktverhaltens benötigt. Darüber ist eine Methode zur experimentellen Validierung des numerisch ermittelten Anlageverhaltens in Kapitel 9 erforderlich. Nachfolgend werden die gängigen Verfahren beschrieben und mit der neu entwickelten Lichtspaltmethode verglichen.

6.1 Vorhandene Methoden

Etablierte Methoden zur Bewertung des Anlageverhaltens stellen die Beurteilung des Federratenverlaufs, s. Abbildung 6.1, als auch die Kontaktdetektion mit druckempfindlichem Papier, s. Abbildung 6.2, dar. Kommt es während des Einfedervorganges zu einer Änderung der Federrate, dann lässt sich dies auf ein Abschalten von federnden Windungen zurückführen. Ein stetiger Anstieg der Federrate begründet sich in einem kontinuierlichen Abschalten von federnden Windungen. Ein sprunghafter An-

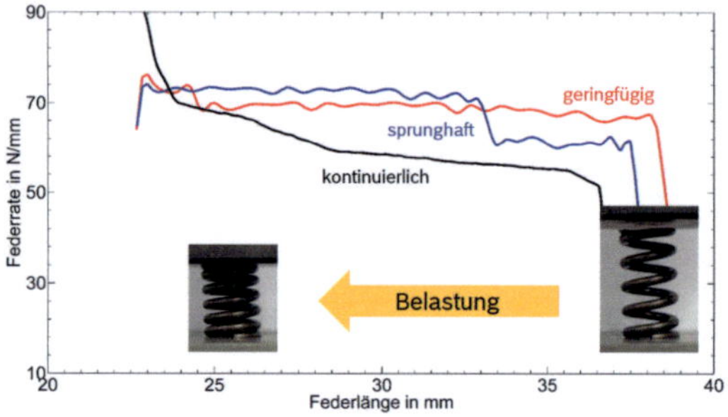

Abbildung 6.1: Gegenüberstellung von unterschiedlichen Federratenverläufen

stieg lässt sich auf das Abschalten großer Windungsabschnitte zurückführen und ein geringfügiger Anstieg lässt auf eine geringe Änderung der federnden Windungsanzahl schließen. Die Vorgehensweise zur Bestimmung der federnden Windungsanzahl auf Grundlage der Federrate wird von Otzen in [114] erläutert. Eine Zuordnung der abgeschalteten Windungen zum Anfang oder Ende der Feder ist über die Analyse des Federratenverlaufs nicht möglich.

Eine weitere Möglichkeit zur Beurteilung des Anlageverhalten stellt die Kontaktdruckdetektion mit druckempfindlichem Papier dar. Druckempfindliches Papier wird z.B. von Gevorgyan [149] zur Untersuchung der Kontaktdruckverteilung an der Federaufstandsfläche und der Bewertung der Druckverteilung zwischen den Windungen verwendet. Wird druckempfindliches Papier mit einer Flächenpressung beaufschlagt,

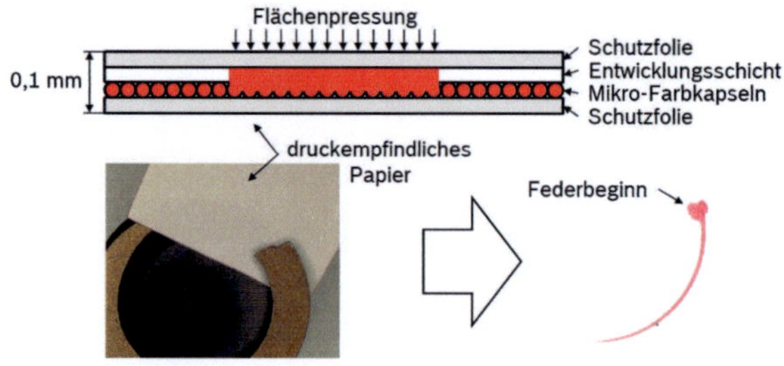

Abbildung 6.2: Schematischer Aufbau des druckempfindlichen Papiers

dann platzen die zwischen den beiden Schutzfolien liegenden Farbkapseln auf und die Entwicklungsschicht färbt sich rot. Für die Messung im Endwindungsbereich muss das druckempfindliche Papier am Federbeginn über eine Drehbewegung zwischen die Windungen platziert werden, was zu einem lokalen Druckpunkt führt, s. Abbildung 6.2. Im Gegensatz zum Federratenverlauf kann mit diesem Verfahren eine Differenzierung zwischen Federanfang und -ende vorgenommen werden. Nachteilig ist, dass über die Foliendicke das Abwälzverhalten und somit die Aussagegüte beeinflusst werden. Zusätzlich lässt sich mit diesem Verfahren lediglich die Kontakthistorie, nicht aber das aktuelle Anlageverhalten bei einer definierten Last bewerten.

Mit den vorhandenen Methoden kann das Anlageverhalten nicht lokal und zugleich bei einer definierten Federkraft bewertet werden, was für die Fertigung von Versuchsfedern mit gezielt variierendem Anlageverhalten als auch für einen aussagekräftigen FE-Abgleich im Endwindungsbereich benötigt wird. Vor diesem Hintergrund ist die Lichtspaltmethode entwickelt worden, s. [98]. Nachfolgend wird der aktuelle Stand der Messeinrichtung vorgestellt.

6.2 Aufbau Lichtspaltmethode

Der Prüfaufbau ist in Abbildung 6.3 a) dargestellt, die Messung kann sowohl weg- als auch kraftgesteuert erfolgen. Vor der Prüfung wird die Feder gereinigt und über der LED-Leuchte im unteren Stempel platziert. Der Außendurchmesser der LED-Leuchte wird zur Federzentrierung verwendet.

Durch unterschiedliche Kunststoffadapter mit variablem Außendurchmesser (Abstufungen in Schritten von 0,1 mm) wird eine reproduzierbare Federpositionierung sichergestellt. Nach Einstellung der gewünschten Federbelastung kann über die auf einen Drehtisch montierte Kamera das Anlageverhalten an der untersuchten Seite bestimmt werden. Der Drehtisch verfügt über ein selbsthemmendes vorgespanntes Schneckengetriebe mit einer Anzeigegenauigkeit von 0,1°. Das maximale optische Auflösungsvermögen des Kamerasystems (Kamera: IDS UI-2250SE-M-GL Rev.3, Sensor: Sony ICX274AL, telezentrisches Objektiv: IB/E optics TZ5-2x-70-VIS) wird über ein Testbild (USAF 1951 Resolution Test Chart) bestimmt und beträgt 4,4 µm. Die Ermittlung des Kontaktanfangs und -endes erfolgt über die Auswertung der Lichtintensität,

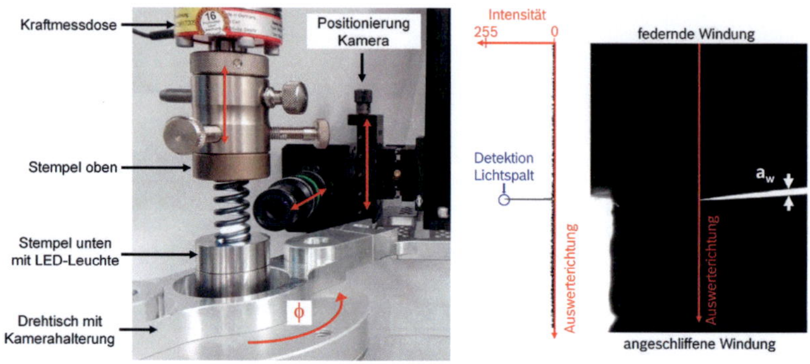

a) b)

Abbildung 6.3: a) Prüfplatz der Lichtspaltvorrichtung mit drehbar gelagerter Kamera, b) Kameraausschnitt des Endwindungsbereichs zur Detektion des Lichtspaltes anhand der Lichtintensität

s. Abbildung 6.3 b). Vor jeder Messung wird die Nullage des Winkels auf den Endwindungsbeginn am Federanfang bzw. -ende, entsprechend Abbildung A.11, gelegt.

Unter Zuhilfenahme einer Referenzgeometrie wird die Achse der Kamera senkrecht zur Rotationachse des Drehtisches ausgerichtet. Wie in Abbildung 6.4 dargestellt, setzt sich die Referenzgeometrie aus einer Scheibe mit fünf Bohrungen und zwei senkrecht zueinander liegenden Nuten sowie vier Passstiften unterschiedlicher Durchmesser zusammen. Zur Minimierung der Lageabweichungen wird die Scheibe mit einer Aufspannung gefertigt.

Nachdem die Referenzgeometrie über die LED-Leuchte ausgerichtet ist, werden die Passstifte über Endmaße auf das gleiche Abstandsmaß zur Aufstandsfläche gebracht. Danach wird die Kamera über die Flucht der unterschiedlich dicken Passstifte so ausgerichtet, dass die Winkel α_1 und α_3 verschwinden und anschließend wird die Kamera am Drehtisch fixiert. Bei der Ausrichtung fungiert der dünne Passstift als Korn und der dicke Passstift als Kimme. Als nächstes wird die Kamera um 90° gedreht und über die Flucht der beiden anderen Passstifte die Lageabweichungen der Winkel zu $\alpha_1 = 0{,}15°$, $\alpha_2 = 0{,}3°$ und $\alpha_3 < 0{,}1°$ bestimmt. Anhand der Referenzgeometrie wird eine quantitative Aussage über die geometrische Güte des Messaufbaus ermöglicht.

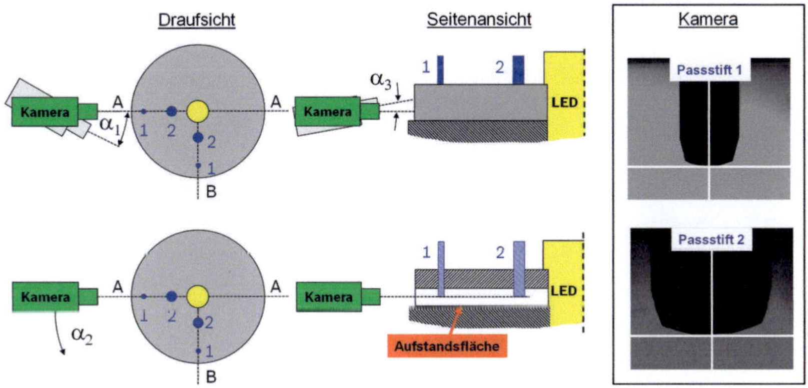

Abbildung 6.4: Kameraausrichtung der Lichtspaltvorrichtung über Referenzgeometrie

6.3 Messreproduzierbarkeit Lichtspaltmethode

Um Aufschluss über die Messreproduzierbarkeit der Methode zu erhalten, werden am Anfang und Ende einer Feder der Variante FV1 und FV4 zehn Messwiederholungen pro Laststufe durchgeführt. Nach Durchlauf der fünf Laststufen werden die Federn immer vollständig aus der Prüfeinrichtung entnommen. Das Messergebnis für die Feder der Variante FV1 ist in Abbildung 6.5 und das der Variante FV4 ist in Abbildung 6.6 aufgetragen. Bei der Variante FV1 beträgt die höchste Differenz zwischen den gemessenen Winkeln $\Delta\phi \approx 0{,}3°$, welche am Kontaktbeginn des Federendes bei 400 N auftritt. Der geringste Unterschied korreliert mit der Anzeigegenauigkeit des Drehtisches und beträgt $\Delta\phi \approx 0{,}1°$. Höhere Differenzen werden bei der Variante FV4 festgestellt. Die maximale Streuung der Variante FV4 wird am Kontaktende der zweiten Kontaktstelle des Federendes bei 800 N ermittelt und beträgt $\Delta\phi \approx 6°$.

Die Kameraufnahmen in Abbildung 6.7 stammen von der zweiten Kontaktstelle der Variante FV4 am Federanfang und sind bei einer Last von 1000 N aufgenommen worden. Am Kontaktbeginn, s. Abbildung 6.7 a), stellen sich ein deutlich stärker ausgeprägter Lichtspalt und eine bessere Messreproduzierbarkeit ein als am Ende der Kontaktstelle, s. Abbildung 6.7 b). Anhand der beiden Aufnahmen wird ersichtlich, dass eine Laständerung am Kontaktende mit dem geringfügig ausgebildeten Lichtspalt eine größere Kontaktschwankung hervorruft, als am Kontaktbeginn mit dem

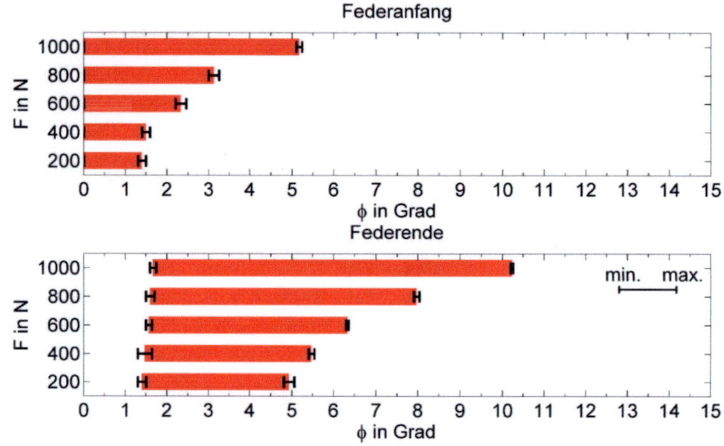

Abbildung 6.5: Messreproduzierbarkeitsuntersuchung zum Anlageverhalten an einer Feder der Variante FV1 bei einem Stichprobenumfang von 10 Federn

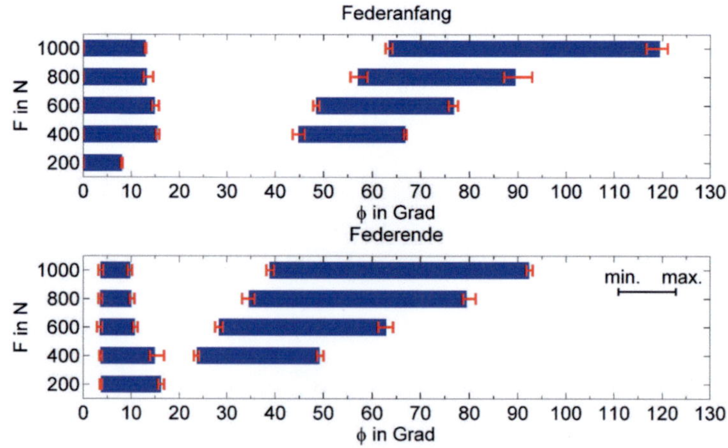

Abbildung 6.6: Messreproduzierbarkeitsuntersuchung zum Anlageverhalten an einer Feder der Variante FV4 bei einem Stichprobenumfang von 10 Federn

deutlich stärker ausgebildeten Lichtspalt. Kontaktstellen mit schwächer ausgeprägten Lichtspalten reagieren im Kontaktverhalten sensitiver auf fertigungsbedingte geometrische Schwankungen als Kontaktstellen mit stärker ausgeprägten Lichtspalten.

a) b)

Abbildung 6.7: Kameraaufnahme einer Feder von der Variante FV4 am Federanfang der zweiten Kontaktstelle bei einer Last 1000 N a) Kontaktbeginn mit stark ausgeprägtem Lichtspalt, b) Kontaktende mit schwach ausgeprägten Lichtspalt

6.4 Zusammenfassung Bewertung Anlageverhalten

Anhand des beschriebenen Prüfaufbaus ist die optische und die geometrische Güte der Messeinrichtung bewertbar. Die Auswertung unterschiedlicher Endwindungsgeometrien und Lastzustände zeigt, dass eine hinreichende Reproduzierbarkeit vorliegt. Zusätzlich wird ersichtlich, dass Unterschiede in der Streuung durch die unterschiedlichen Lichtspaltausbildungen hervorgerufen werden, welche wiederum von der Federgeometrie und der Federkraft abhängen. Die Unterschiede zu den bisher etablierten Methoden sind nachfolgend aufgelistet:

- Im Gegensatz zu den gängigen Methoden zur Bewertung des Windungsabschaltens, kann mit der Lichtspaltmethode eine lokale und zugleich lastabhängige Bewertung des Anlageverhaltens durchgeführt werden.
- Durch die neu entwickelte Methode ist es möglich, gezielter Versuchsfedern mit variierendem Anlageverhalten zu fertigen und über Schwingversuche den Einfluss des Anlageverhaltens auf die Endwindungsbruchanfälligkeit experimentell herauszuarbeiten.

- Diese Methode eignet sich im Gegensatz zu numerischen Verfahren auch zur fertigungsnahen Beurteilung des Anlageverhaltens, insbesondere zur Beurteilung der Fertigungsstreuung.

- Die Lichtspaltmethode ermöglicht einen höherwertigen FE-Abgleich im Endwindungsbereich, als ein Abgleich über die Federrate oder als ein Abgleich mittels druckempfindlichen Papiers.

Kapitel 7

Versuchsprogramm und experimentelle Charakterisierung der Prüffedern

Ziel des Versuchsprogrammes ist es, den Schadensmechanismus „Endwindungsbruch durch Kontaktermüdung“ gezielt zu reproduzieren und zu quantifizieren. Aufgrund der Schadensursache, s. Kapitel 2.4, und den Überlegungen in Kapitel 3 zum Kontaktverhalten im Endwindungsbereich, werden Federn mit variierendem Anlageverhalten zwischen angeschliffener und erster federnder Windung gefertigt und im Schwingversuch, s. Kapitel 8, geprüft. In Kapitel 7.1 werden die Versuchsplanung und die Federfertigung vorgestellt. Da eine Beeinflussung der globalen Federeigenschaften durch die Variation des Anlageverhaltens nicht ausgeschlossen werden kann, werden die Eigenschaften der Federvarianten experimentell erfasst, s. Kapitel 7.2 bis Kapitel 7.7. Kapitel 7.8 beinhaltet die Fertigungsstreuung des Anlageverhaltens.

7.1 Versuchsprogramm und Federfertigung

Die Fertigung der Versuchsfedern erfolgt in Zusammenarbeit mit dem Federhersteller Scherdel GmbH. Ziel ist es Musterfedern zu entwerfen, die ein punktuelles, ein stark abwälzendes Anlageverhalten, eine unterbrochene Tragspur und Unterschiede im Kontaktwinkel aufweisen. Anschließend werden pro Variante 500 Federn gefertigt und die Fertigungsstreuung, entsprechend den nachfolgenden Kapiteln, charakterisiert. Alle fünf Federvarianten (FV1 bis FV5) werden aus dem ölschlussvergütetem Coil hergestellt, welcher für die VD-SiCrVNi-Drahtuntersuchungen in Kapitel 4 und Kapitel 5 verwendet worden ist.

In den jüngeren Forschungsarbeiten, z.B. [75, 126], sind Endwindungsbrüche bei unterschiedlichen Schwingspielzahlen festgestellt worden. Um einen möglichst großen Schwingspielzahlbereich in vertretbarer Zeit untersuchen zu können, erfolgt die Federprüfung mit Reicherter Prüfmaschinen. Der Vorteil dieser Prüfmaschine besteht darin, dass eine Vielzahl an Federn und somit mehrere Federvarianten gleichzeitig geprüft werden können. Im Gegensatz zu einer Bosch-Schwinge [67], bei der mehrere Federhübe gleichzeitig geprüft werden, erfolgt die Federprüfung auf einer Reicherter Resonanzprüfmaschine mit einem konstanten Hub. Damit es möglich ist, mehrere Federvarianten gleichzeitig und ohne das ungleichmäßige Auftreten von Innenrandbrüchen bis zu einer Grenzschwingspielzahl von $N_G = 300 \cdot 10^6$ zu prüfen, darf sich die mittlere Federrate der Varianten nicht sonderlich unterscheiden. Zusätzlich muss die mittlere Federrate so hoch sein, dass die Federn während der Prüfung das Setzmaß nicht unterschreiten noch dass der erforderliche Federhub die Grenzen der Prüfmaschine überschreitet. Vor dem Hintergrund dieser Überlegungen werden die Anforderungen an die Federfertigung dahingehend erweitert, dass die mittleren Federraten über $80\,\mathrm{N\,mm^{-1}}$ liegen und die Unterschiede zwischen den Varianten gering sein müssen.

Zur Herstellung des Federkörpers kommt eine Windemaschine des Typs Ful41 von Wafios mit parallelem Steigungswerkzeug und linearem Drahtabkantverfahren zum Einsatz. Nach dem Winden werden die Federn, entsprechend des herstellerspezifischen SOF-HSI Fertigungsprozesses, einer Wärmebehandlung oberhalb der Austenitisierungstemperatur unterzogen. Das Schleifen der Federenden wird auf einer Dorn DR400/VE Schleifmaschine durchgeführt und das Kugelstrahlen erfolgt auf einer Anlage des Typs Rösler RMBC 1.1. Um eine möglichst gute Schwingfestigkeit an der Drahtinnenseite zu erhalten, werden die Federn zunächst mit arrondiertem Stahlkorn von 0,6 mm und danach mit 0,4 mm gestrahlt. Danach werden die Federn bei einer Temperatur zwischen 250 °C und 290 °C auf $L_s = 23{,}5\,\mathrm{mm}$ warm gesetzt.
Eine grobe Klassifizierung des Anlageverhaltens der gefertigten Musterfedern, hinsichtlich der geforderten Kontaktausprägungen, ist in Tabelle 7.1 zusammengefasst.

Tabelle 7.1: Klassifizierung des Anlageverhaltens der Musterfedern

Federvarianten	Ausprägung Anlageverhalten
FV1	punktelles Anlageverhalten
FV2	punktelles, unterbrochenes Anlageverhalten
FV3	unterbrochenes Anlageverhalten
FV4	abwälzendes Anlageverhalten, starke Zunahme der Anlagefläche
FV5	unterbrochenes Anlageverhalten, starke Zunahme der Anlagefläche

Das Anlageverhalten der Musterfedern in Abhängigkeit der Federkraft, welches mit der in Kapitel 6 beschriebenen Methode ermittelt worden ist, zeigt Abbildung 7.1. Ausgewertet wird das Abwälzverhalten am Federanfang und -ende, bei Federkräften

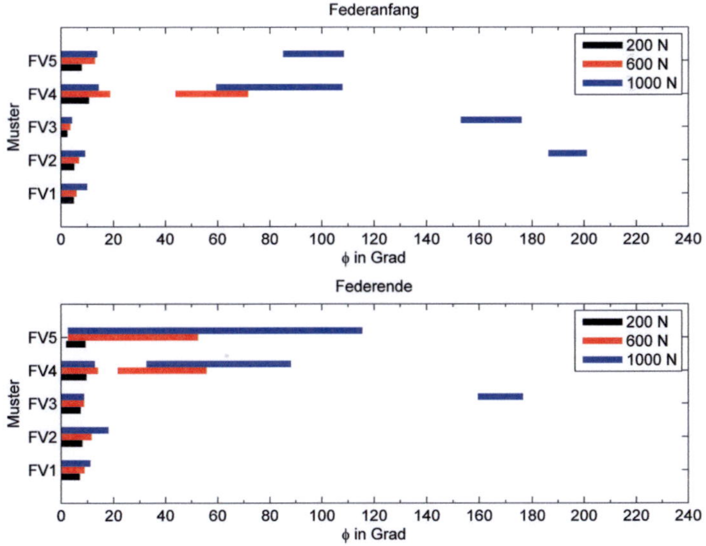

Abbildung 7.1: Anlageverhalten der Musterfedern bei unterschiedlichen Federkräften

von 200 N, 600 N sowie 1000 N. Variante FV1 weist im Gegensatz zu den Varianten FV2 und FV3 auch bei einer Last von 1000 N nur eine Kontaktsstelle auf. Zur frühzeitigen Ausbildung von zwei Kontaktstellen und einer sich während der Laständerung stark verlagernden zweiten Kontaktstelle kommt es bei Variante FV4. Deutliche Unterschiede zwischen dem Abwälzverhalten am Federanfang und -ende liegen bei der Musterfeder von Variante FV5 vor. Die Analyse des Anlageverhaltens zeigt, dass das geforderte Ziel, die Fertigung von Schraubendruckfedern mit punktuellem, unterbrochenem und abwälzendem Verhalten unterschiedlicher Ausprägung, erreicht ist.

7.2 Federgeometrie

Mit dem Messsystem F435 von imess erfolgt die optische Ermittlung der Gesamtwindungsanzahl, wobei der Stichprobenumfang auf zehn Federn je Variante festgelegt wird. In Abbildung 7.2 a) ist die optisch ermittelte Gesamtwindungsanzahl mit der aus einer computertomographischen Messung abgeleiteten Windungsanzahl gegenübergestellt. Die größte Differenz zwischen den beiden Messmitteln ist kleiner

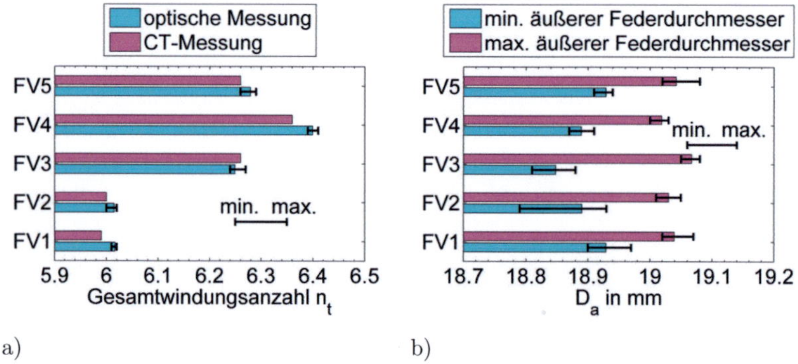

Abbildung 7.2: Gegenüberstellung a) Gesamtwindungsanzahl, b) äußerer Federdurchmesser

0,05 Windungen und die Gesamtwindungsanzahl der Federvarianten liegt zwischen 5,95 und 6,4 Windungen. Unterschiede in der Gesamtwindungsanzahl ergeben sich durch die Anforderungen an die Federfertigung, s. Kapitel 7.1. In Abbildung 7.2 b)

sind die minimalen und maximalen äußeren Federdurchmesser der Varianten dargestellt. Die gemessenen Werte liegen zwischen 18,8 mm und 19,1 mm. Unterschiede im Anschliffwinkel können Abbbildung 7.3 a) entnommen werden und die auf den Drahtdurchmesser bezogenen Drahtendendicken sind in Abbbildung 7.3 b) aufgetragen. Die

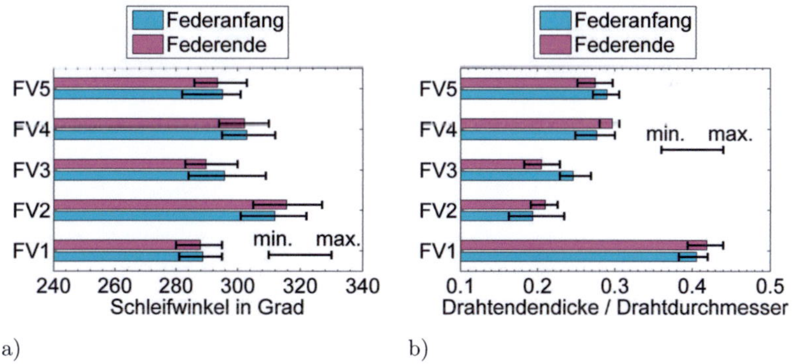

Abbildung 7.3: Gegenüberstellung a) Schleifwinkel, b) bezogene Drahtendendicke

Unterschiede der Schleifwinkel liegen innerhalb des nach DIN EN 15800 [33] zulässigen Bereichs von $\beta = 270° + 60°$. Die bezogenen Drahtendendicken der Variante FV2 und Variante FV3 liegen an der unteren und die bezogenen Drahtendendicken von Variante FV1 liegen an der oberen fertigungsüblichen Grenze. Der Stichprobenumfang zur Ermittlung des äußeren Federdurchmessers, der Schleifwinkel und der Drahtendendicke beträgt jeweils zehn Federn. Wie aus Abbildung A.18 zu entnehmen ist, liegt die maximale Differenz zwischen den gemittelten Federlängen bei 0,6 mm und im Mittel über alle Varianten bei $L_0 = 35{,}9$ mm.

Zur Ermittlung der Federhöhe bzw. des Windungsabstandes wird das optische Messsystem LED3D100 von Microstudio verwendet. Über die Kamera zur Federpositionierung und dem Spiegel, s. Abbildung 7.4, wird die Feder zentrisch auf dem Drehteller ausgerichtet. Durch Drehung der Feder wird der Federbeginn auf den Messbeginn ausgerichtet. Über Drehung der Aufstandsplatte in Schritten von 2° werden die Höhe h und der äußere Federdurchmesser D_a in Abhängigkeit des Winkels ϕ ermittelt. Um den kompletten Endwindungsverlauf der Gegenseite zu erhalten, wird die Feder nach der ersten Messung gedreht und vom anderen Ende aus erneut vermessen. Der

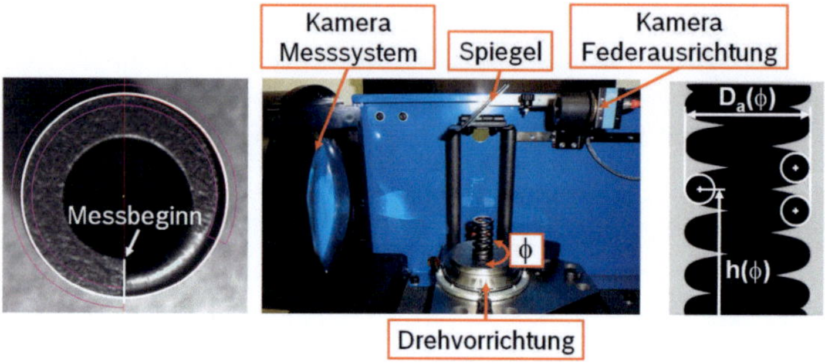

Abbildung 7.4: Aufbau der optischen Messeinrichtung LED3D Microstudio

Höhenverlauf ist für den Federanfang in Abbildung 7.5 und der Windungsabstand in Abbildung 7.6 dargestellt. Die Verläufe der Federspur und der Windungsabstände

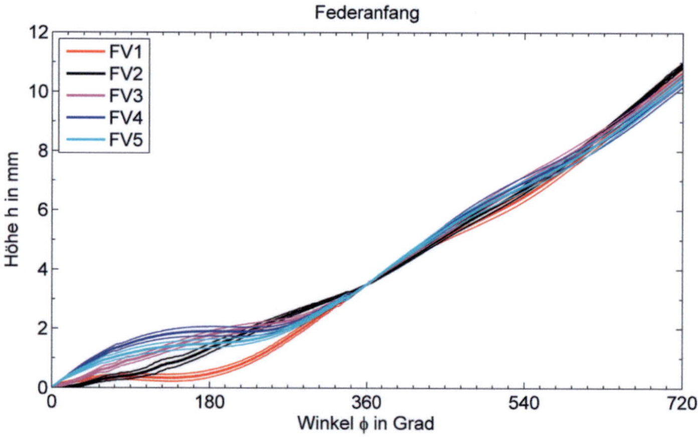

Abbildung 7.5: Gegenüberstellung der Höhe in Abhängigkeit des Winkels für die Federvarianten am Federanfang

für das Federende finden sich in Abbildung A.25 und Abbildung A.26. Für die statistische Auswertung in Ordinatenrichtung wird eine Normalverteilung angenommen, der Stichprobenumfang beträgt 50 Federn pro Variante und Seite. Das eingezeichnete Streuband kennzeichnet den zweiseitigen Schwellenwert von 90%, d.h. 90% der gemessenen Werte liegen innerhalb des Streubandes. Alle Federvarianten lassen sich am Federanfang als auch am Federende durch ein Streuband erfassen.

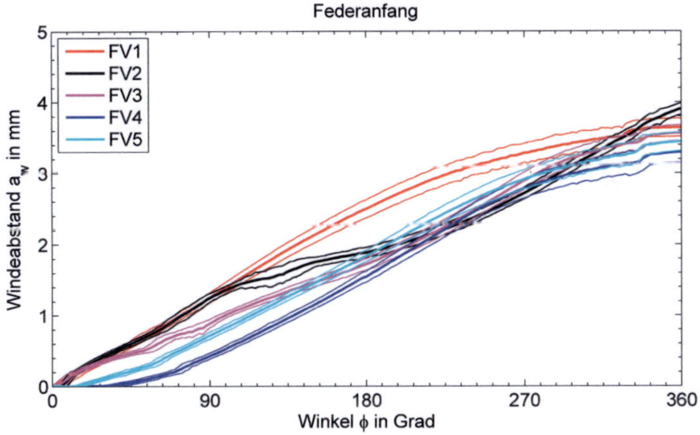

Abbildung 7.6: Gegenüberstellung des Windungsabstandes in Abhängigkeit des Winkels für die Federvarianten am Federanfang

Die Vermessung der Federgeometrien zeigt, dass die Werte über alle Varianten eine ähnliche Streuung aufweisen. Größere Unterschiede zwischen den Varianten stellen sich bei der Drahtendendicke, beim Höhenverlauf bzw. dem Windungsabstand der Federgeometrie ein. Die Gesamtwindungsanzahl variiert um ca. 0,4 Windungen. Anzumerken ist, dass die Drahtendendicke der Varianten FV2 und FV3 vergleichsweise niedrig ist. Bei freier Gestaltungsmöglichkeit der Endwindungsgeometrie werden gängigerweise dickere Drahtenden bevorzugt, um einem Abbrechen der angeschliffenen Windung während des Betriebs vorzubeugen.

7.3 Werkstoff- und Oberflächenbeschaffenheit im Endwindungsbereich

Vor dem Hintergrund des mehrstufigen Federherstellungsprozesses mit den plastischen Verformungs- und Wärmebehandungsschritten erfolgt zusätzlich zur Halbzeugcharakterisierung die Untersuchung des Werkstoff- und Oberflächenzustandes im Endwindungsbereich. Durch das Aufprallen des Strahlgutes auf die Oberfläche kommt es zur Randschichtverfestigung und zur Ausbildung von Druckeigenspannungen an als auch unterhalb der Oberfläche. Hierdurch wird eine deutliche Steigerung der Schwingfestigkeit erreicht, s. [74, 130]. Bei angelegten Endwindungen gelangt das Strahlgut während des Kugelstrahlens nur begrenzt zwischen angeschliffene und erste federnde Windung. Zur Ermittlung der Oberflächenbereiche unterschiedlicher Beanspruchbarkeiten werden pro Variante fünf Federn an den Endwindungen aufgetrennt und über eine lichtmikroskopische Auswertung der Winkel des nicht kugelsgestrahlten Bereichs ϕ_{NKB} ermittelt, s. Abbildung 7.7. Der größte nicht kugelgestrahlte Bereich stellt sich

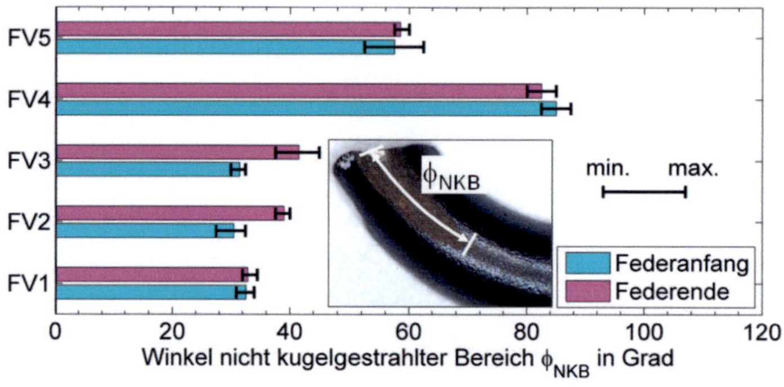

Abbildung 7.7: Gegenüberstellung der nicht kugelgestrahlten Oberflächenbereiche

bei Variante FV4 ein. Am Federanfang beträgt das arithmetische Mittel $\phi_{NKB} = 82°$ und am Federende $\phi_{NKB} = 85°$. Die Mittelwerte des nicht kugelgestrahlten Bereichs von den Varianten FV1 bis FV3 unterscheiden sich um ca. 10° voneinander und die Winkel sind in etwa halb so groß wie bei Variante FV4. Die größte Streuung mit 10° wird am Federanfang der Variante FV5 festgestellt. Da die Federvarianten unter den identischen Bedingungen gestrahlt worden sind, lassen sich Unterschiede im nicht kugelgestrahlten Bereich auf die verschiedenen Geometrien zurückführen.

Entsprechend Abbildung 7.8 werden an allen Varianten beidseitige Schliffe quer zum Federdraht angefertigt und für eine Gefügeuntersuchung angeätzt. Exemplarisch ist in Abbildung 7.9 der geätzte Querschliff der Variante FV1 am Federende dargestellt, die übrigen Schliffbilder sind im Anhang (Abbildung A.2 bis Abbildung A.10) aufgeführt. Die Federvarianten weisen ein homogenes, martensitisches Gefüge auf. Wesentliche Unterschiede zwischen den Varianten können nicht festgestellt werden. Im Kontaktbereich werden Oxidschichten mit einer Dicke von bis zu 3 µm detektiert.

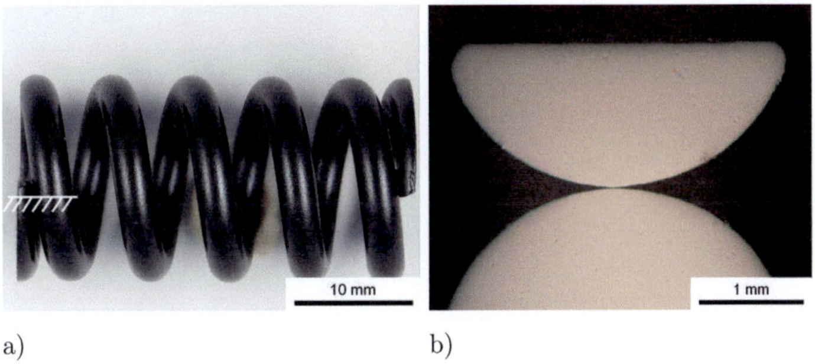

Abbildung 7.8: a) Übersicht Schlifflage, b) Schnittorientierung quer zum Draht mit angeschliffener Windung oben und erster federnder Windung unten

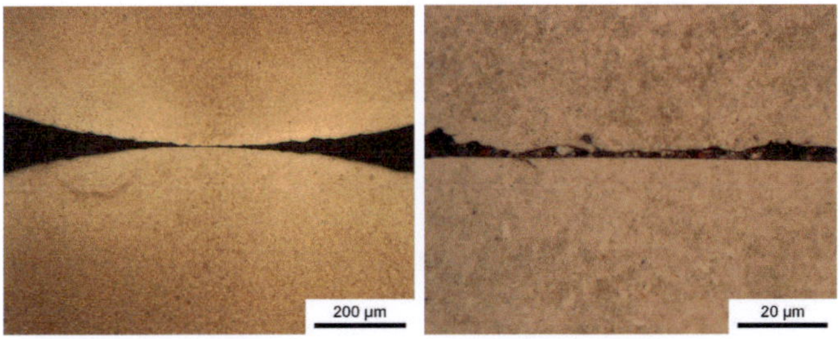

Abbildung 7.9: Querschliff der Variante FV1 am Federende

Abbildung 7.10 zeigt den Härteverlauf am Federanfang und -ende der fünf Varianten. Um nach DIN EN ISO 6507-1 [35] einen hinreichend großen Abstand zwischen den Messpunkten zu erhalten, erfolgt die Aufnahme der Messpunkte in drei leicht zueinander versetzten Messreihen. An allen Federn bildet sich eine homogene Härteverteilung aus. Die Variation zwischen den einzelnen Varianten ist gering, die Mittelwerte liegen zwischen 614 HV0, 1 und 642 HV0, 1, s. Tabelle B.3. Der Mittelwert des VD-SiCrVNi-Drahtes beträgt 644 HV0, 1 und unterscheidet sich geringfügig von den Werten der fünf Federvarianten. Größere Unterschiede zwischen den Varianten wer-

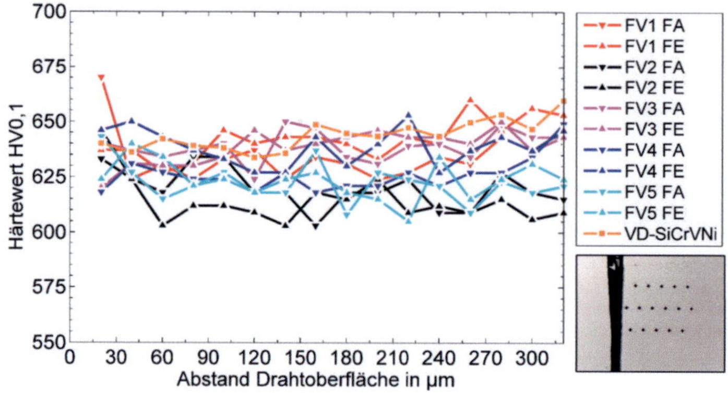

Abbildung 7.10: Härteverlauf im Kontaktbereich der ersten federnden Windung

den weder bei den Gefügeuntersuchungen noch bei den Härteverläufen festgestellt. Ein gleiches Ergebnis stellt sich beim Vergleich des Ausgangsmaterials mit den Materialeigenschaften der Federn ein. Da die Materialhärte und Schwingfestigkeit nicht unabhängig voneinander sind, s. z.B. [45], kann mit den Schwingfestigkeitserkenntnissen der VD-SiCrVNi-Drahtversuche auf das zyklische Materialverhalten im nicht kugelgestrahlten Bereich der Endwindung geschlossen werden.

7.4 Eigenspannungsbestimmung

Die Eigenspannungsuntersuchung erfolgt auf einem Seifert Analytical X-Ray XRD 3003 Diffraktometer. Der Kollimator besitzt eine Beryllium Spitze und der Messfleckdurchmesser beträgt 50 µm. Im Rahmen der Untersuchung werden unterschiedliche Messorte und Messrichtungen ausgewertet sowie der Einfluss unterschiedlicher Schwingspielzahlen und Endwindungsgeometrien auf die Eigenspannung ermittelt. Der Stichprobenumfang wird auf drei Federn pro Messvariante festgelegt. Zunächst werden Eigenspannungen in der Endwindungskerbe (EWK), im kugelgestrahlten (KB) und im nicht kugelgestrahlten (NKB) Bereich der ersten federnden Windung, s. Abbildung 7.11, sowohl an als auch unterhalb der Oberflächen ermittelt. Die Messungen werden, sofern nicht explizit erwähnt, an ungeprüften Federn durchgeführt und die Messrichtung erfolgt axial zum Federdraht.

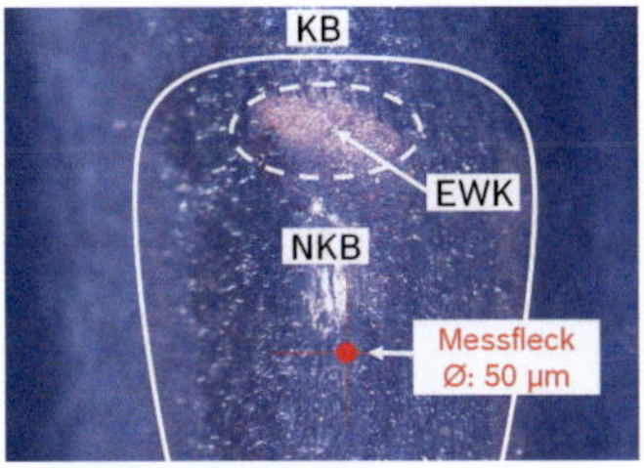

Abbildung 7.11: Draufsicht auf die Kontaktstelle der ersten federnde Windung mit den Messorten zur Eigenspannungsbestimmung

Abbildung 7.12 zeigt den Eigenspannungsverlauf am Federanfang und Federende von Variante FV3. Die Ermittlung wird an der Endwindungskerbe und im nicht kugelgestrahlten Bereich bei Abtragstiefen von 0 µm, 20 µm, 60 µm und 100 µm durchgeführt. Ein Materialabtrag hat Eigenspannungsumlagerungen zur Folge, da der ursprünglich

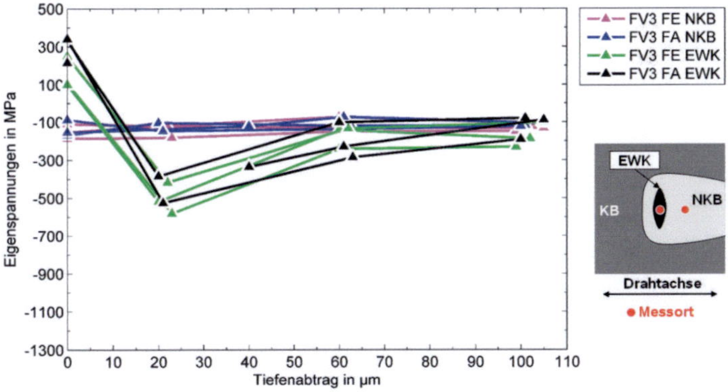

Abbildung 7.12: Eigenspannungsverlauf der Variante FV3 am Federanfang und -ende mit Messorten an der Endwindungskerbe und im nicht kugelgestrahlten Bereich

dreidimensionale Spannungszustand unterhalb der Oberfläche durch den Materialabtrag in einen ebenen Spannungszustand (kraftfreie Oberfläche) überführt wird. Diese Spannungsumlagerung wird mit zunehmender Tiefe größer und die Messqualität geringer. Im Bereich der Endwindungskerbe werden zunächst an der Oberfläche positive Eigenspannungen gemessen, danach bilden sich bei 20 µm Druckeigenspannungen zwischen 300 MPa und 600 MPa aus, welche sich mit zunehmender Abtragstiefe den Eigenspannungen des nicht kugelgestrahlten Bereichs annähern. Unabhängig von der Federseite bilden sich im nicht kugelgestrahlten Bereich leichte Druckeigenspannungen aus. Der Eigenspannungsverlauf im nicht kugelgestrahlten Bereich zeichnet sich im Vergleich zur Endwindungskerbe durch einen homogeneren Verlauf aus. Eine Differenzierung zwischen Federanfang und Federende zeigt sich nicht.

Um Informationen über die Eigenspannungsorientierung zu erhalten, werden an der Endwindungskerbe von Variante FV2 Messungen axial, unter 45° und quer zum Federdraht durchgeführt, s. Abbildung 7.13. Im Rahmen der Messstreuung kann kein ausgeprägter Unterschied zwischen den einzelnen Messrichtungen festgestellt werden, es liegt ein ungerichteter Spannungszustand vor.

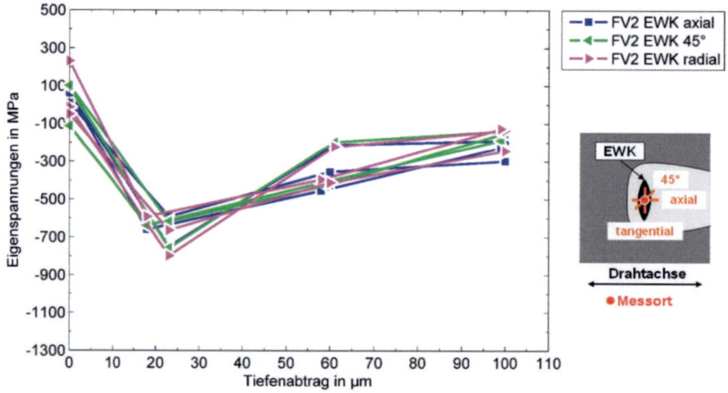

Abbildung 7.13: Eigenspannungsverlauf der Variante FV2 an der Endwindungskerbe bei unterschiedlichen Messrichtungen

Für die Bewertung wiederholter Überrollbeanspruchungen auf die Eigenspannungsausbildung, werden bei Variante FV1 am Federende Messungen an ungeprüften Federn und geprüften Federn, die nach $N = 200 \cdot 10^6$ Schwingspielen aus der Prüfmaschine entnommen wurden, durchgeführt. Wie der Abbildung 7.14 zu entnehmen ist, entspricht die Messstelle MS1 ungefähr dem Messort an der Endwindungskerbe (EWK) und die Messstelle MS2 dem Messort im nicht kugelgestrahlten Bereich (NKB). Im ungeprüften Zustand stellen sich an der Oberfläche der Endwindungskerbe Zugeigenspannungen zwischen 250 MPa und 400 MPa ein. Mit zunehmender Tiefe tritt eine Verringerung der Eigenspannungen auf und es kommt zur Ausbildung von Druckeigenspannungen. Die Messungen nach $N = 200 \cdot 10^6$ Lastwechseln zeigen, dass sich an beiden Messorten an der Oberfläche Druckeigenspannungen zwischen 750 MPa und 1250 MPa einstellen, welche sich mit fortschreitender Abtragstiefe verringern und bei 100 µm zwischen 100 MPa und 550 MPa liegen. Im nicht kugelgestrahlten Bereich bilden sich Druckeigenspannungen zwischen 100 MPa und 500 MPa aus. Die größten Eigenspannungsumlagerungen sind an der Oberfläche feststellbar.

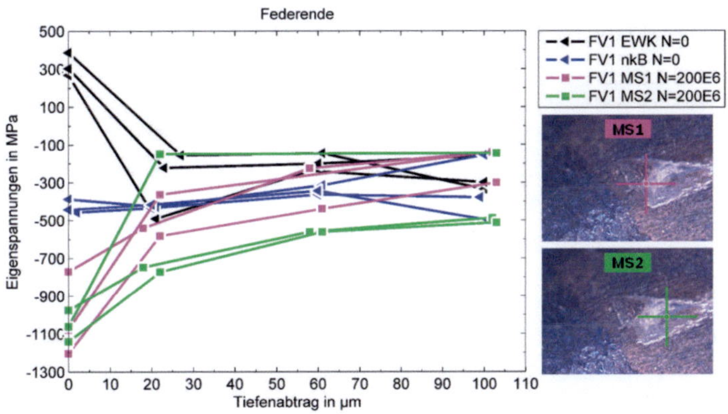

Abbildung 7.14: Eigenspannungsverlauf der Variante FV1 nach N=0 und $N = 200 \cdot 10^6$ Lastwechseln

In Abbildung 7.15 ist der Eigenspannungsverlauf der Federvarianten am Federende für die drei Auswerteorte aufgetragen. Bei einer Abtragstiefe von 0 µm weisen alle Varianten an der Endwindungskerbe Zugeigenspannungen im Bereich von 0 MPa bis 400 MPa auf. Tendenziell stellt sich bei 20 µm eine Eigenspannungsreduktion und im weiteren Verlauf eine Eigenspannungsstabilisierung ein. Auffallend ist die hohe Druckeigenspannungsstreuung, welche zwischen 150 MPa und 900 MPa liegt. Ein Einfluss der Federgeometrie auf die Tendenz der Eigenspannungsausbildung kann aufgrund der Streuung der Einzelmessungen nicht festgestellt werden. Im nicht kugelgestrahlten Bereich zeigt sich über alle Varianten ein homogener Tiefenverlauf mit Druckeigenspannungen zwischen 100 MPa und 500 MPa. Die Druckeigenspannungen im kugelgestrahlten Bereich sind deutlich höher und liegen zwischen 650 MPa und 1200 MPa. Die gemessenen Werte im kugelgestrahlten Bereich korrelieren mit den Eigenspannungsuntersuchungen an kugelgestrahlten Federn aus 54SiCr6 von Gissinger [52].

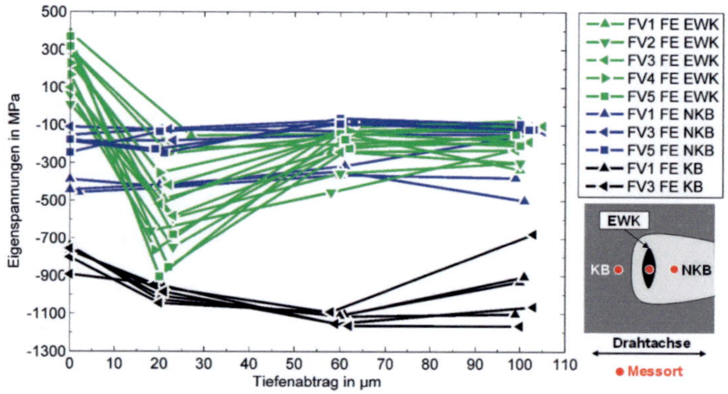

Abbildung 7.15: Eigenspannungsverlauf der Federvarianten bei unterschiedlichen Messorten und einer Messrichtung axial zum Federdraht

Aus der Eigenspannungsbestimmung im Endwindungsbereich lassen sich folgende Erkenntnisse ableiten:

- Die Eigenspannungsuntersuchungen zeigen, dass der qualitative Eigenspannungsverlauf hauptsächlich vom Messort und weniger von den Federvarianten, der Federseite bzw. der Messrichtung abhängt.

- Der Vergleich zwischen den Eigenspannungen im geprüften und ungeprüften Zustand zeigt, dass bevorzugt im oberflächennahen Bereich eine Spannungsumlagerung hin zu erhöhten Druckeigenspannungen stattfindet.

7.5 Reaktionskräfte an der Federaufstandfläche

Die Ermittlung der Reaktionskräfte erfolgt auf einer Querkraftmesseinrichtung bei der Firma Mubea Motorkomponenten GmbH. Für die Messung der Querkräfte werden die Federn beidseitig über eine Innenzentrierung geführt. Bei allen Federvariante können die Abweichungen der Federkräfte bei vorgegebenen Weg dem Gütegrad 1 entsprechend DIN 2095 [23] zugeordnet werden. In Abbildung 7.16 a) ist der mittlere Federratenverlauf während des Einfedervorganges dargestellt.

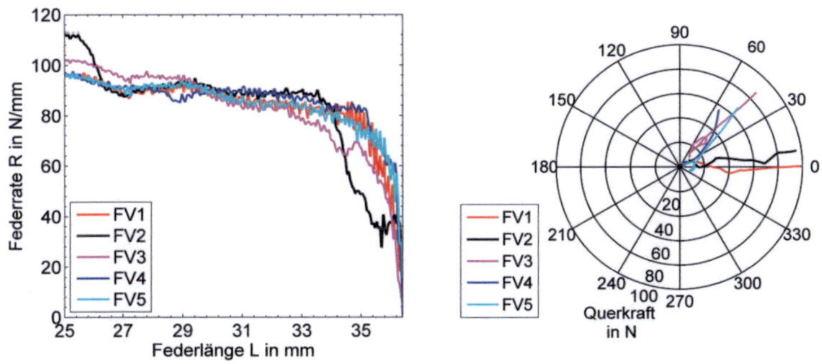

a) b)

Abbildung 7.16: a) mittlerer Federratenverlauf in Abhängigkeit der Federlänge, b) Betrag und Orientierung der Querkraft am Federanfang zwischen 0 N und 100 N, Federanfang bei 0°

Pro Variante beträgt der Stichprobenumfang zehn Federn. Die größten Unterschiede zwischen den Varianten stellen sich bei geringer, als auch bei sehr großen Federlängen ein, bei mittlerer Federlänge bildet sich ein annähernd konstanter Verlauf, größer 80 Nmm^{-1}, aus. Der Betrag und die Orientierung der Querkraft sind in Abbildung 7.16 b) in einem Polarkoordinatendiagramm bis zu einer axialen Federkraft von 1000 N aufgetragen. Vor jeder Messung wird die Schnittkante am Federanfang auf 0° ausgerichtet. Der Abstand vom Ursprung beschreibt die Querkrafthöhe. Bei den Varianten FV1 und FV2 treten im Gegensatz zu den Varianten FV3 bis FV5 geringe Richtungsänderungen in der Querkraft auf. Eine vollständige Richtungsumkehr der Querkraft stellt sich bei den Varianten FV3 und FV5 ein. Abbildung 7.17 zeigt den Betrag der Querkraft F_Q in Abhängigkeit der axialen Federkraft F. Pro Variante

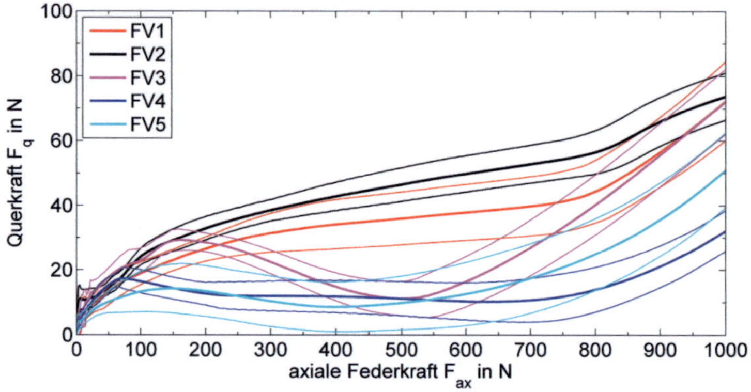

Abbildung 7.17: Querkraft (Mittellage und Streuband) in Abhängigkeit der axialen Federkraft

werden zehn Federn ausgewertet. Die Visualisierung in Form der 50%-Linie und eines zweiseitigen Streubandes von 90% erfolgt unter Zugrundelegung einer Normalverteilung der Querkraft. Bei einer axialen Federkraft von 500 N weisen die Varianten FV1 und FV2 deutlich höhere Querkräfte auf als die übrigen Varianten. Variante FV3 verzeichnet bei geringer Federkraft zunächst einen Querkraftanstieg, nach ca. 150 N erfolgt eine Reduzierung der Querkraft und ab ca. 500 N steigt die Querkraft wieder an. Solch ein Verlauf, wenn auch deutlich schwächer ausgeprägt, ist auch bei Variante FV5 zu beobachten. Geringe Querkräfte treten bei Variante FV4 auf, so beträgt die mittlere Querkraft bei einer Federkraft von 1000 N lediglich 3% der axialen Federkraft.

Im Bereich mittlerer Federkräfte weisen die Federvarianten größere Unterschiede im Querkraftverlauf auf, bei erhöhter Federkraft betragen die Querkräfte weniger als 10% der axialen Federkraft. Die Querkraftausbildung der Federvarianten liegt im Bereich gängiger Werte.

7.6 Abziehkraft an der Kontaktstelle

In Abhängigkeit von den federherstellerspezifischen Windemaschineneinstellungen kommt es bei der Herstellung von Federn mit angelegten Endwindungen zur Ausbildung unterschiedlich hoher Anpresskräfte zwischen angeschliffener und erster federnder Windung. Um ein Maß für die Kontaktkraft zwischen den Windungen zu erhalten, wird an den Federvarianten die Abziehkraft mit Hilfe eines Fühlerlehrenbandes (Dicke 0,01 mm) ermittelt. Für die Messung werden die Federn senkrecht zur Abziehrichtung über eine Einspannung befestigt, sodass keine Einspannkräfte an der zu messenden Federseite wirksam sind, s. Abbildung 7.18.

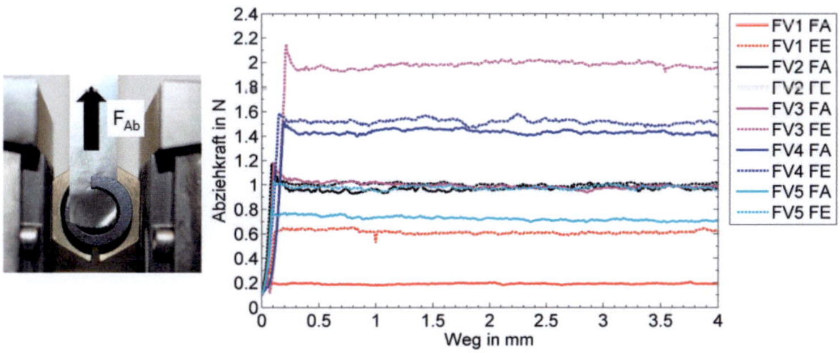

Abbildung 7.18: Abziehkraft zwischen den Windungen

Zur Gewährleistung gleichbleibender Reibbedingungen werden die Federn und das Fühlerlehrenband vor Versuchsbeginn mit Ethanol gereinigt. Die Ermittlung der Abzugskraft erfolgt weggesteuert auf einer Zwick Prüfmaschine mit einer 100 N Kraftmessdose. Wie den Messergebnissen zu entnehmen ist, liegt die Abziehkraft im Gleitzustand in etwa zwischen 0,2 N und 2 N. Die Abziehkraft F_{Ab} wird über das Coulombsches Reibgesetz

$$F_{Ab} = \mu \cdot F_{An} \tag{7.1}$$

in die Anlagekraft F_{An} überführt. Bei Festkörperreibung wird von Czichos und Habig in [17], wie auch von Santner in [133], ein Reibwertbereich zwischen 0,1 und >1 angegeben. Im unbelasteten Zustand wird unter Zugrundelegung eines Reibwertes von $\mu = 0,1$ die auftretende minimale und maximale Kontaktkraft zwischen den Windungen abgeschätzt, welche in etwa zwischen 2 N und 20 N liegt.

Beim Vergleich der mittleren Federraten mit den Anlagekräften im unbelasteten Zustand, s. Kapitel 7.6, wird ersichtlich, dass schon bei geringer Einfederung die Federkraft größer ist als die Anlagekraft im unbelasteten Zustand. Die im unbelasteten

Zustand vorliegenden Anlagekräfte haben somit einen vernachlässigbaren Anteil an der Gesamtfederbeanspruchung.

7.7 Kontaktdruckverteilung an der Aufstandsfläche

Zur Detektion der Kraftein- bzw. ausleitung an der Federaufstandsfläche, wird die Kontaktdruckverteilung am Federanfang und -ende ermittelt. Wie in Kapitel 6.1 erläutert, kann mit dem druckempfindlichen Papier immer nur die Kontakthistorie ermittelt werden und nicht die Kontaktdruckverteilung bei einer diskreten Federkraft. Exemplarisch zeigt Abbildung 7.19 die Kontaktdruckverteilung bei einer Last von 0 N bis 1000 N. Die Kontaktdruckverteilungen für 0 N bis 200 N und 0 N bis 600 N sind in Abbildung A.16 und Abbildung A.17 aufgeführt. Bei allen Federvarianten erfolgt die Kraftübertragung über zwei mehr oder weniger stark ausgeprägte Kontaktflächen welche um ca. 180° zueinander versetzt sind. Am Federbeginn weisen die Varianten FV1 bis FV3 eine kleinere Kontaktfläche auf als die übrigen Varianten.

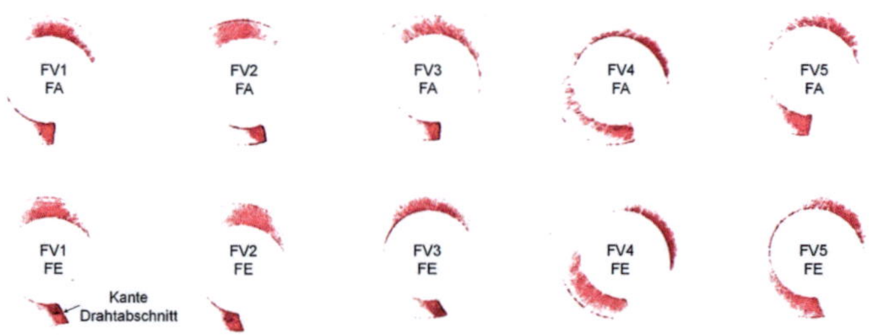

Abbildung 7.19: Kontaktdruckverteilung an der Federaufstandsfläche bei einer Federkraft von 0 N bis 1000 N, oben Federanfang (FA), unten Federende (FE)

7.8 Anlageverhalten

Das Anlageverhalten der Windungen im belasteten Zustand wird nach der in Kapitel 6.2 beschriebenen Lichtspaltmethode ermittelt. Um Rückschlüsse auf die Fertigungsstreuung zu erhalten, werden zehn Federn pro Variante vermessen. Am Federanfang und -ende erfolgen die Messungen in Lastschritten von 200 N. In den

Diagrammen bezeichnet die vertikale Linie (Daten aus Abbildung 7.7) die Grenze zwischen nicht kugelgestrahlter und kugelgestrahlter Oberfläche. Im kugelgestrahlten Bereich liegen deutlich höhere Druckeigenspannungen (s. Kapitel 7.4) vor, was örtlich verbesserte Schwingfestigkeitseigenschaften zur Folge hat. Vor diesem Hintergrund sind Kontaktstellen im nicht kugelgestrahlten Bereich als kritischer zu erachten.

Unabhängig von der Belastung bildet sich bei Variante FV1 am Federanfang und -ende eine Kontaktstelle aus, s. Abbildung 7.20. Eine Zunahme der Kraft hat einen leichten Anstieg des Kontaktwinkels zur Folge. Abbildung 7.21 zeigt das Anlagever-

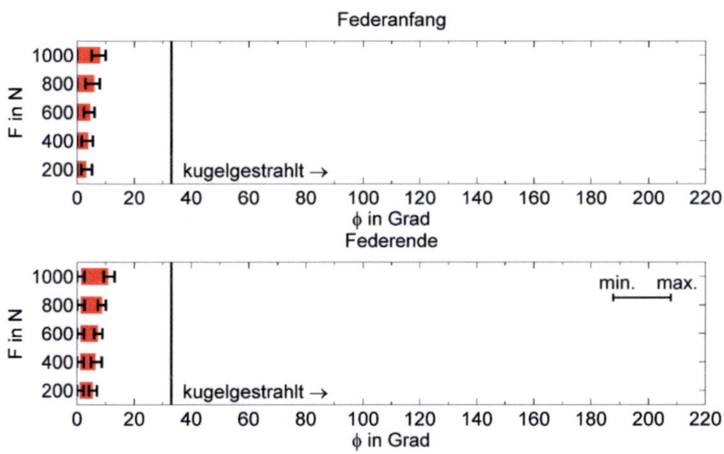

Abbildung 7.20: Anlageverhalten der Variante FV1

halten der Variante FV2. Bei einer Last von 1000 N kommt es am Federanfang im Gegensatz zum Federende zur Ausbildung einer zweiten Kontaktstelle. Das Federende zeichnet sich bei hoher Last durch einen um etwa verdoppelten Kontaktwinkel aus. Das Kontaktverhalten der Variante FV3, s. Abbildung 7.22, weist in guter Näherung ein symmetrisches Anlageverhalten auf. Bei dieser Variante kommt es schon bei einer Federkraft von 800 N zur Ausbildung einer zweiten Kontaktstelle. Die zweite Kontaktstelle weist eine erhöhte Fertigungsstreuung und ein ausgeprägtes Abwälzverhalten auf. Das Anlageverhalten der Variante FV4 ist für Federanfang und -ende in Abbildung 7.23 dargestellt. Ab einer Last von 400 N kommt es auf beiden Seiten

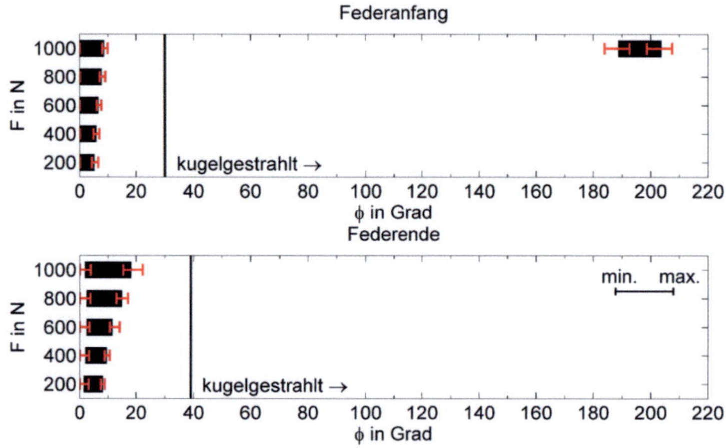

Abbildung 7.21: Anlageverhalten der Variante FV2

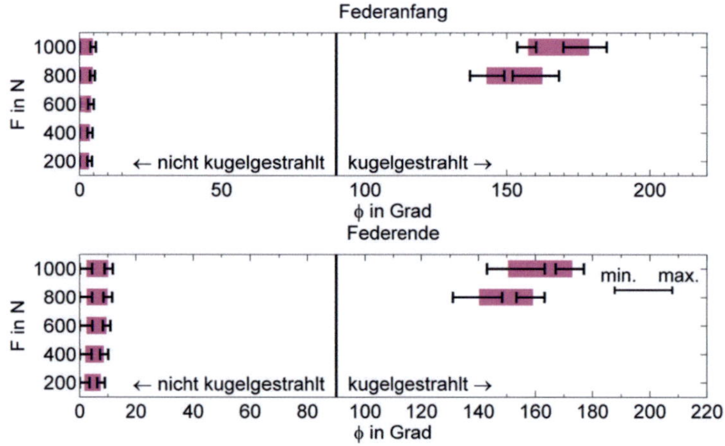

Abbildung 7.22: Anlageverhalten der Variante FV3

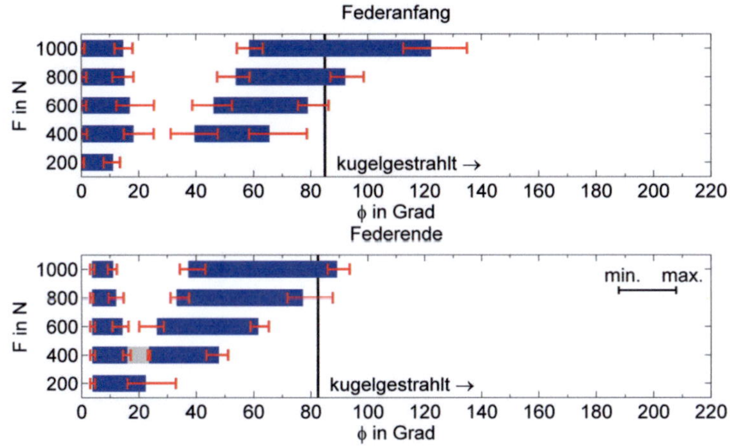

Abbildung 7.23: Anlageverhalten der Variante FV4

zur Ausbildung einer zweiten Kontaktstelle. Eine weitere Laststeigerung hat zur Folge, dass sich der Kontaktwinkel an der ersten Anlagestelle reduziert, an der zweiten Anlagestelle vergrößert und zu höheren Winkeln verschiebt. Bei einer Last von 400 N weisen am Federende zwei von zehn Federn einen durchgehenden Kontaktwinkel auf. An dieser Stelle und bei einer Federkraft von 400 N lassen sich nicht alle Federn durch ein einheitliches Streuband abbilden, da der Übergang von einer Kontaktstelle auf zwei Kontaktstellen bei leicht unterschiedlichen Federkräften stattfindet. Bei den übrigen Auswertelasten ist die Fertigungsstreuung über einheitliche Streubänder darstellbar. In Abbildung 7.24 und Abbildung 7.25 sind die Ergebnisse der Variante FV5 in Form der Einzelmessungen für Federanfang und Federende aufgetragen. Aufgrund der stark variierenden Kontaktwinkel, hinsichtlich Kontaktbeginn und -ende, wird von einer Ermittlung eines Streubandes abgesehen. Am Federende zeigt sich ab 800 N ein uneinheitliches Anlageverhalten und teilweise findet eine Brückenbildung statt.

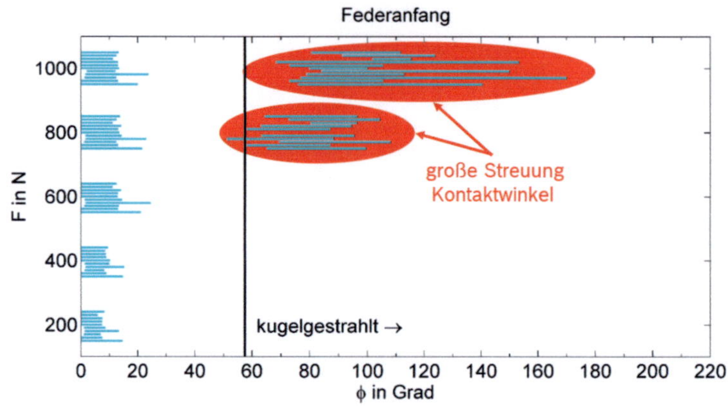

Abbildung 7.24: Anlageverhalten von zehn Einzelfedermessungen der Variante FV5 am Federanfang

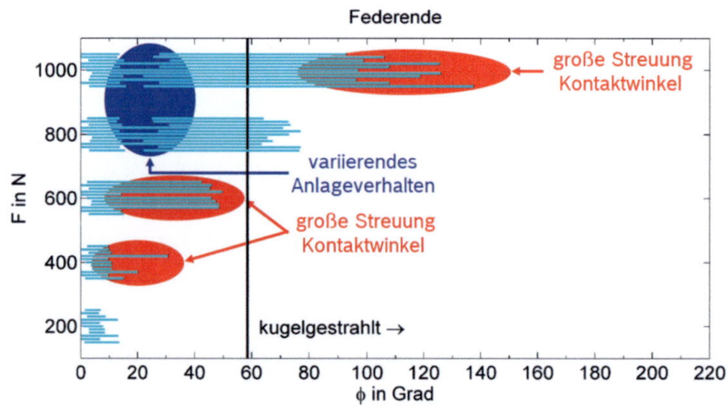

Abbildung 7.25: Anlageverhalten von zehn Einzelfedermessungen der Variante FV5 am Federende

Aus der Analyse des Anlageverhaltens lassen sich die folgende Schlüsse ableiten:

- Vor dem Hintergrund des im Allgemeinen nichtlinearen Abwälzverhaltens muss die Ermittlung des Anlageverhaltens bei unterschiedlichen Federkräften durchgeführt werden.
- Aus den Analysen wird deutlich, dass es innerhalb einer Maschineneinstellung möglich ist, Federn mit leicht variierendem Anlageverhalten zu fertigen (FV1-FV4).
- Darüber hinaus können sich bei ungünstiger Wahl der Maschineneinstellung Federn mit stark variierendem Anlageverhalten ergeben (FV5).
- Die Auswertung des Anlageverhaltens verdeutlicht, dass bei der Ableitung neuer Endwindungsgeometrien die Fertigungsstreuung des Anlageverhaltens zu berücksichtigen ist.

Kapitel 8

Schwingfestigkeitsversuche an Schraubendruckfedern

Mit den Schwingversuchen wird das Ziel verfolgt Endwindungsbrüche zu reproduzieren und zu analysieren. Die Schwingversuche bilden gleichzeitig die Grundlage zur Ableitung lokaler Beanspruchbarkeitswerte.

8.1 Versuchsdurchführung

Da es sich bei Endwindungsbrüchen um ein Versagen im Bereich der Kontaktstelle zwischen angeschliffener und erster federnder Windung handelt, hat der abrasive Verschleiß und die damit einhergehende Geometrieveränderung wesentliche Auswirkungen auf das Abwälzverhalten und somit auf die örtliche Beanspruchung im Kontaktbereich. Da eine schwingspielzahlabhängige Änderung der örtlichen Beanspruchung nicht ohne weiteres bewertbar gemacht werden kann, wird bei der Prüfmaschinenauswahl auf eine möglichst gute und definierte Schmierung im Endwindungsbereich geachtet. Die Federprüfung erfolgt auf zwei Reicherter-Püfmaschinen des Typs DV 8 KU-C2 bei der Firma Raithel + Co. GmbH. Das Funktionsprinzip ist in Abbildung 8.1 dargestellt. Während der Prüfung bilden die eingesetzten Federn und die bewegte Maschinenmasse ein Schwingungssystem. Die einzelnen Federpakete sind auf zwei Stockwerke mit jeweils vier Segmenten verteilt. Pro Segment werden 16 Federn gleichzeitig geprüft. Die rotatorische Bewegung des Elektromotors wird über ein Getriebe in eine translatorische Hubbewegung der Segmente überführt.

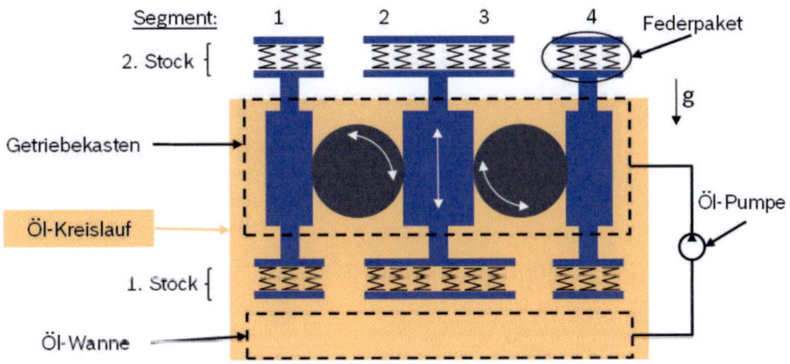

Abbildung 8.1: Funktionsprinzip der Schwingprüfmaschine Reicherter DV 8 KU-C2

Eine ausreichende Getriebeschmierung wird über einen Öl-Kreislauf sichergestellt. Mittels einer Förderpumpe wird Hydrauliköl aus der Öl-Wanne in den Getriebkasten gefördert, welches schwerkraftbedingt über den 1. Stock zurück in die Öl-Wanne fließt. Als Schmiermittel kommt das Hydrauliköl Panolin HLP 46, wie bei den Reib- und Verschleißversuchen in Kapitel 5.1, zur Anwendung. Vor Beginn jeder Prüfung wird ein Öl-Wechsel vorgenommen. Die Federn im 1. Stock werden deutlich stärker geschmiert als die Federn im 2. Stock. Zur Verringerung des abrasiven Verschleißes im 2. Stock werden die Federn zweimal wöchentlich mit Hydrauliköl benetzt. Da eine stellplatzabhängige Schmierung innerhalb eines Stockes nicht ausgeschlossen werden kann, werden die Federstellplätze dokumentiert.

Federbrüche rufen eine Verstimmung der Prüfmaschine hervor und werden standardmäßig über eine werksseitig angebrachte Abschaltvorrichtung erfasst. Da die Abschaltvorrichtung primär für den Schutz der Maschine entwickelt worden ist, können einzelne Federbrüche nicht immer korrekt detektiert werden. Zur Überwachung des Federhubes wird an die Maschine ein induktiver Wegaufnehmer angebracht, s. Abbildung 8.2. Die vom Prüfmaschinenhersteller vorgesehene Einstellung und Überwachung des Prüfweges erfolgt in Stufen mit einer Schrittweite von 0,5 mm. Mit dem adaptierten Wegaufnehmer vom Typ Keyence MEX03 ist eine sensitivere Einstellung und Überwachung des Federhubes realisierbar.

Zur Gewährleistung einer hohen Laufruhe werden die Federvarianten mit den leicht unterschiedlichen Federratenverläufen symmetrisch auf die einzelnen Stockwerke und

Abbildung 8.2: Reicherter-Püfmaschine Typs DV 8 KU-C2 mit adaptierter Sensorik

Segmente verteilt. Der maximal erreichbare Federhub der Resonanzprüfmaschine beträgt 10 mm. Die Schwingungsdrehzahl lässt sich über

$$n_{Reicherter} = 9,55\sqrt{\frac{R_{ges}}{m}} \qquad \text{in } 1/\text{min} \tag{8.1}$$

bestimmen, hierbei steht R_{ges} für die Gesamtfederrate der Prüffedern und m für die bewegte Maschinenmasse [50].

Während der Prüfung stellt sich eine Prüffrequenz von ca. 46 Hz ein, geprüft werden zwei Lastniveaus. Um eine qualitative Aussage über die Hubschwankung des Feder-Masse-Systems zu erhalten, werden Last-Zeit-Verläufe zu unterschiedlichen Zeitpunkten aufgenommen. Das Histogramm der gemessenen Hübe findet sich in Abbildung 8.3 a).

Der Soll-Hub liegt bei $H_{soll} = 9$ mm, der mittlere gemessene Hub bei $H_{ist} = 8{,}98$ mm und die Standardabweichung bei 0,022 mm. Die Differenz zwischen Soll- und Ist-Hub beträgt 0,02 mm und ist vernachlässigbar. Aufgrund der Häufigkeitsverteilung wird als Maschinenabschaltkriterium

$$H_{krit} = H_{soll} \pm 0,1 \text{ mm} \tag{8.2}$$

festgelegt. Abbildung 8.3 b) zeigt den Hub-Zeit-Schrieb eines Innenrandbruches im mittleren Windungsbereich. Tritt während der Prüfung ein Federbruch auf, dann

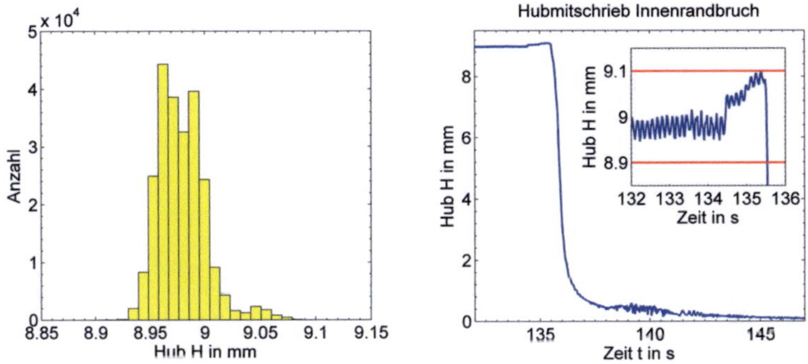

a) b)

Abbildung 8.3: a) Häufigkeitsverteilung der Federhübe bei einem Soll-Hub von 9 mm, b) Hubmitschrieb während der Detektion eines Innenrandbruches bei einem Prüfhub von 9 mm

führt dies zu einer Reduktion der Gesamtfederrate und zu einem Anstieg des Federhubes. Beim Überschreiten der oberen Abschaltgrenze schaltet die Prüfmaschine ab und es kommt zu zügiger Reduktion des Maschinenhubes. Für eine zuverlässige Detektion der Innenrandbrüche genügt die aus dem Bruch resultierende Änderung des Prüfhubes. Bei Endwindungsbrüchen kann es vorkommen, dass sich die gebrochenen Federstücke nicht immer vollständig voneinander lösen. Liegt solch ein Fall vor, dann stellt sich bei der gebrochenen Feder lediglich eine geringfügigere Reduktion der Federsteifigkeit ein, was eine Bruchdetektion mit dem induktiven Wegaufnehmer erschwert. Entsprechend des Maschinenaufbaus erfolgt die Prüfung wegkontrolliert. Abbildung 8.4 zeigt die Kraftwegkennlinie und die dazugehörigen Lastniveaus.

Geprüft werden zwei Lasthorizonte bei einer mittleren Federlänge von $L_m = 29{,}6\,\text{mm}$. Die Prüfung der Horizonte erfolgt bei einem Federhub von $H = 8{,}4\,\text{mm}$ und $H = 9\,\text{mm}$. Über die jeweilige 50%-Kraftwegkennlinie erfolgt die Umrechnung der Hübe in Federkräfte und über Gleichung 2.4 werden die Spannungen an der Innenrandstelle bestimmt. Für die Umrechung wird der Überhöhungsfaktor nach Wahl [152] mit $k_W = 1{,}34$ verwendet. Frei werdende Federstellplätze werden wieder aufgefüllt, dies ermöglicht eine gleichbleibende Maschinenlaufruhe.

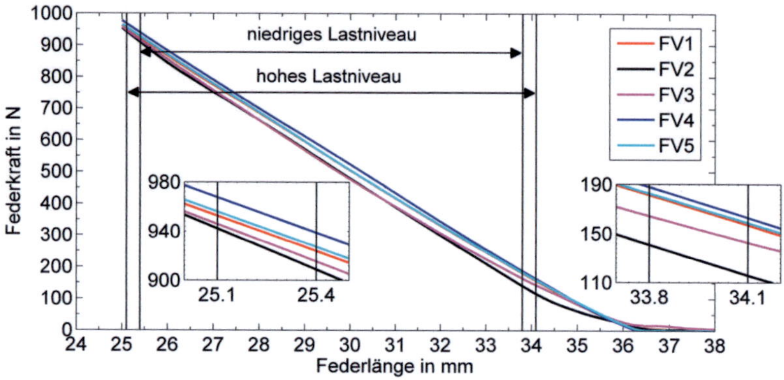

Abbildung 8.4: Kraftwegkennlinie der Federvarianten mit eingezeichneten Lastniveaus

8.2 Analyse der Bruchlage

Die makroskopische Bewertung der Bruchlage wird anhand der Nomenklatur in Abbildung 8.5 vorgenommen. Im ersten Schritt erfolgt die Charakterisierung der Bruchlage in Drahtachsenrichtung hinsichtlich angeschliffener Windung (AW) und federnder Windung (FW). Danach wird die Eingrenzung der Bruchlage in Drahtumfangsrichtung über die Bereiche Aufstandsfläche (AF), Federinnenseite (FI), Kontaktstelle (KS) und des nicht kugelgestrahlten Bereichs (NKB) vorgenommen. Beim Auftreten eines Doppelbruches werden beide Bruchlagen angegeben. So kennzeichnet zum Beispiel die Bezeichnung FW-KS & FW-FI eine Feder, die sowohl im federnden Windungsbereich der Kontaktstelle als auch an der Federinnenseite gebrochen ist.

Abbildung 8.6 zeigt die Bruchlage der durchgeführten Schwingversuche in Abhängigkeit von Stockwerk, Lastniveau und Prüfmaschine. Da die Federn ein heterogenes Bruchbild in Bezug auf die einzelnen Varianten, Stockwerke und Lastniveaus abgeben, werden die Federn in den nachfolgenden Kapiteln einer fraktographischen Analyse und Oberflächenuntersuchung unterzogen.

Die Schwingprüfung des niedrigen Lastniveaus mit einer Nennbeanspruchung von $\tau_{kh} = 900\,\text{MPa}$ erfolgt auf zwei baugleichen Prüfmaschinen. Die Varianten FV1 und FV2 werden auf der Prüfmaschine 1, die Variante FV3 auf der Prüfmaschine 1 und

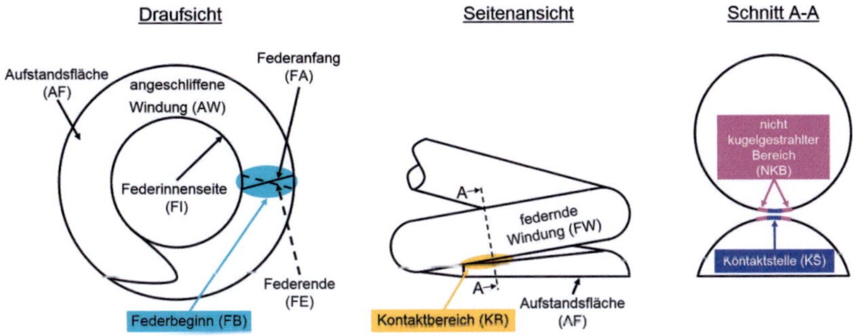

Abbildung 8.5: Nomenklatur Bruchlage Endwindungsbereich

Prüfmaschine 2 und die Varianten FV4 und FV5 auf der Prüfmaschine 2 erprobt. Die Grenzschwingspielzahl beträgt $N_G = 300 \cdot 10^6$.

Brüche im Bereich der Kontaktstelle, an der Federinnenseite als auch Doppelbrüche an diesen Stellen werden bei den Varianten FV1 und FV2 festgestellt. Im Gegensatz zu Variante FV1 treten bei Variante FV2 Brüche im Bereich der Kontaktstelle nur im 1. Stock auf. Die Auswertung von Variante FV3 zeigt die geringste Bruchhäufigkeit, lediglich ein Bruch an der Federinnenseite (FW-FI) und ein Doppelbruch (AW-AF & FW-FI) stellen sich ein. An der Variante FV4 können in beiden Stockwerken nur konventionelle Innenrandbrüche (FW-FI) festgestellt werden. FV5 zeigt Einzelbrüche an der Innenrandstelle (FW-FI), der Aufstandsfläche (AW-AF), der Kontaktstelle (FW-KS) sowie Doppelbrüche an der Innenrandstelle und der Kontaktstelle (FW-KS & FW-FI). Im Bereich der Kontaktstelle werden viele Brüche zwischen $1 \cdot 10^6$ und $1 \cdot 10^7$ Lastwechsel detektiert.

Aufgrund der gehäuften Anzahl dieser frühen Brüche, wird dieselbe Prüfmaschine nach Prüfungsende mit Federn der Varianten FV4 und FV5 belegt und bis $N_G = 22 \cdot 10^6$ Lastwechsel geprüft. Die Bruchübersicht des Stichversuchs zeigt FV5-Brüche an der Kontaktstelle (FW-KS) als auch an der Innenrandstelle (FW-FI). Durch den Stichversuch wird die Reproduzierbarkeit der frühen Ausfälle im Bereich der Kontaktstelle, wenn auch mit geringerer Häufigkeit, aufgezeigt. Vorwiegend stellen sich Federbrüche der Variante FV4 an der Innenrandstelle ein. Zwei Brüche ereignen sich im nicht kugelgestrahlten Bereich der federnden Windung (FW-NKB).

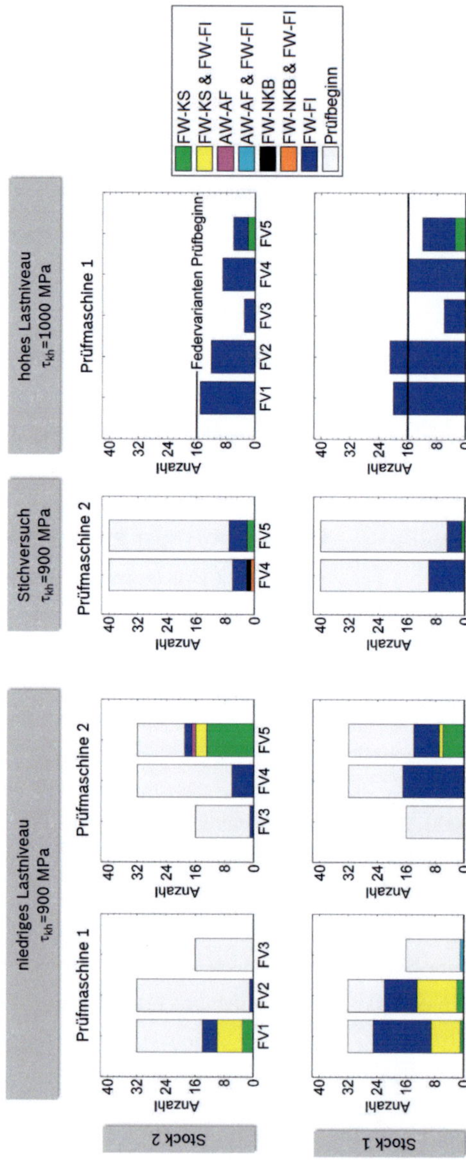

Abbildung 8.6: Bruchübersicht der durchgeführten Versuche in Abhängigkeit der Stockwerke, der Prüfmaschinen und der Lastniveaus

Die Prüfung des hohen Lastniveaus erfolgt auf der Prüfmaschine 1 mit einer Nennspannung von $\tau_{kh} = 1000\,\mathrm{MPa}$. Alle fünf Federvarianten werden gleichmäßig auf das obere und untere Stockwerk verteilt. Bei allen Varianten treten Innenrandbrüche (FW-FI) auf. Brüche im Bereich der Kontaktstelle (FW-KS) stellen sich bei Variante FV5 ein.

8.3 Fraktografische Untersuchung

Nach Einordnung der Bruchlage in Drahtlängs- und Drahtumfangsrichtung wird eine fraktografische Analyse der Federbrüche im Endwindungsbereich durchgeführt. Ziel ist es, den Bruchausgangsort und den versagensursächlichen Mechanismus zu bestimmen. Zunächst werden die Brüche der federnden Windung mit Bruchausgang im Bereich der Kontaktstelle untersucht. Danach erfolgt die Untersuchung der Brüche im nicht kugelgestrahlten Bereich der federnden Windung bzw. an der Aufstandsfläche.

8.3.1 Endwindungsversagen der federnden Windung an der Kontaktstelle

In Abbildung 8.7 ist der Schwingbruch einer FV5-Feder dargestellt, die mit einer Spannung von $\tau_{kh} = 900\,\mathrm{MPa}$ geprüft worden ist. Die Bruchschwingspielzahl beträgt $N_B = 4,8 \cdot 10^6$ Zyklen. Abbildung 8.7 a) zeigt eine Schrägansicht der Bruch- und Kontaktfläche, Abbildung 8.7 b) die Draufsicht auf die Bruchfläche. Abbildung 8.7 a) ist zu entnehmen, dass die Schwingbruchlinien im oberflächennahen Bereich der Kontaktstelle zusammenlaufen. Der Bruchausgangsort befindet sich zwischen 0 µm und 40 µm unterhalb der Oberfläche, s. Abbildung 8.7 b). Aufgrund der eingeglätteten Bruchoberfläche ist eine feinere Einordnung nicht möglich. Abbildung 8.8 zeigt einen weiteren Federbruch der Variante FV5. Der Schwingbruch ereignet sich bei einer Hubspannung von $\tau_{kh} = 1000\,\mathrm{MPa}$ nach $N_B = 0,6 \cdot 10^6$ Lastwechseln. In Abbildung 8.8 a) ist die Schrägansicht der gebrochenen ersten federnden Windung und der angeschliffenen Windung dargestellt. Zur besseren Bestimmung des Bruchausgangsortes wird die erste federnde Windung aufgetrennt und enstprechend Abbildung 8.8 b) analysiert. Deutlich zu erkennen ist der ellipsenförmige Verlauf der Schwingbruchlinien, welche am Rande der Kontaktoberfläche zusammenlaufen. Die Schwingbruchlinien treffen sich am Bruchausgangsort in einer Tiefe zwischen 0 µm und 40 µm. Bei beiden

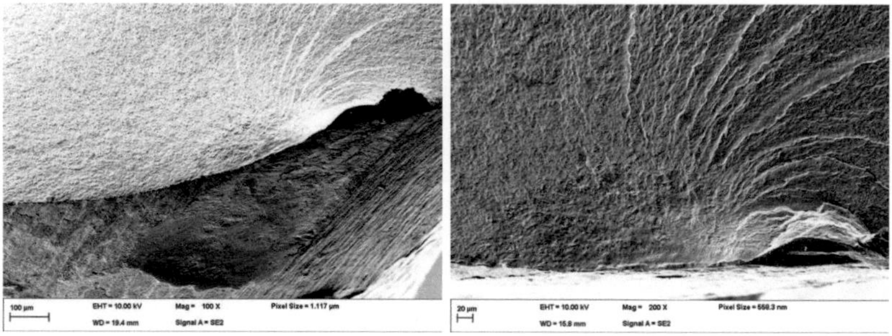

a) b)

Abbildung 8.7: Bruch der federnden Windung einer Feder von der Variante FV5 bei niedrigem Lastniveau nach $N_B = 4,8 \cdot 10^6$ a) Schrägansicht auf die Kontakt- und die Bruchfläche, b) Draufsicht auf die Bruchfläche

Lastniveaus weist die Bruchfläche am Rande der Kontaktfläche eine Bruchmorphologie mit stark gekrümmten Schwingbruchlinien auf. Die Bruchmorphologie deutet auf eine hohe Kontaktbeanspruchung im Bereich des Bruchausgangs hin. Die Schwingbruchlinien weisen auf einen Bruchausgang im oberflächennahen Bereich hin, von dem der versagenswirksame Torsionsschwingbruch eingeleitet wird.

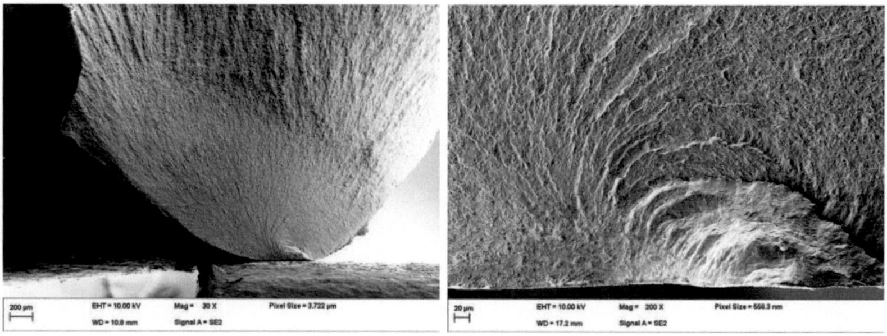

a) b)

Abbildung 8.8: Bruch der federnden Windung einer Feder von der Variante FV5 bei hohem Lastniveau nach $N_B = 0,6 \cdot 10^6$ a) Schrägansicht auf die Kontakt- und die Bruchfläche, b) Draufsicht auf die Bruchfläche

Endwindungsbrüche der Variante FV1 stellen sich lediglich im unteren Lastniveau bei hohen Schwingspielzahlen ($N_B > 30 \cdot 10^6$) ein. Abbildung 8.9 zeigt exemplarisch einen Schwingbruch. In Abbildung 8.9 a) ist eine glatte Kontaktoberfläche mit einem Oberflächenausbruch im Randbereich zwischen Kontaktzone und nicht kugelgestrahltem Bereich zu erkennen. Abbildung 8.9 b) zeigt die Draufsicht auf die Bruchfläche. Der ellipsoidartige Ausbruch besitzt eine maximale Tiefe von 180 µm. Neben dem Ausbruch sind gekrümmte Schwingbruchlinien zu erkennen, welche sich in einem Abstand von 90 µm unterhalb der Drahtoberfläche treffen, was auf einen Bruchausgangsort deutlich unterhalb der Oberfläche schließen lässt. In Drahtumfangsrichtung liegt der Bruchausgang im Randbereich zwischen Kontaktzone und nicht kugelgestrahltem Bereich. Wie bei der Variante FV1, treten auch bei der Variante FV2 Endwindungs-

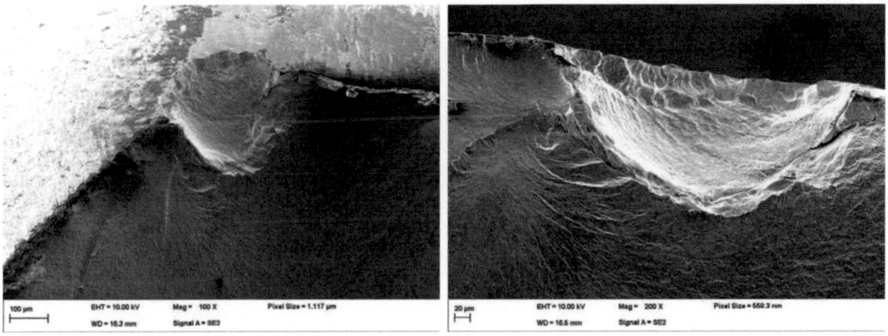

a) b)

Abbildung 8.9: Bruch der federnden Windung einer Feder von der Variante FV1 bei niedrigem Lastniveau nach $N_B = 215 \cdot 10^6$ a) Schrägansicht auf die Kontakt- und Bruchfläche, b) Draufsicht auf die Bruchfläche

brüche nur im unteren Lastniveau bei erhöhten Schwingspielzahlen auf. Exemplarisch zeigt Abbildung 8.10 einen Bruch der Variante FV2 nach $N_B = 139 \cdot 10^6$ Lastwechseln. Abbildung 8.10 a) zeigt die Kontakt- und Bruchfläche und Abbildung 8.10 b) die Bruchmorphologie der nicht aufgetrennten Feder. Das Bruchbild zeigt eine durch Kontaktermüdung induzierte Rissbildung, wobei sich der finale Torsionsschwingbruch vor dem vollständigen Kontaktermüdungsausbruch eingestellt hat. Zur Untersuchung der Kontaktoberfläche werden die Windungen aufgetrennt, hierbei hat sich der Teilausbruch aus der Mulde gelöst, s. Abbildung 8.10 c) und Abbildung 8.10 d). Der Bruchausgang befindet sich am Kontaktzonenrand in einer Tiefe von etwa 210 µm.

Alle untersuchten Schadensbilder der Varianten FV1 und FV2 zeigen Kontaktermüdungsrissbildung mit einem Bruchausgang deutlich unterhalb der Drahtoberfläche. Torsionsschwingbrüche durch Kontaktermüdungsrissbildung ereignen sich bei den Varianten FV1 und FV2 lediglich im VHCF-Bereich ($N_B > 1 \cdot 10^7$). Endwindungsbrüche mit oberflächennahem Bruchausgang ereignen sich bei der Variante FV5 im HCF-Bereich ($N_B \leq 1 \cdot 10^7$). Bei den vereinzelten FV5-Brüchen im VHCF-Bereich zeigt sich eine Verschiebung des Bruchausgangsortes hin zu größeren Tiefen.

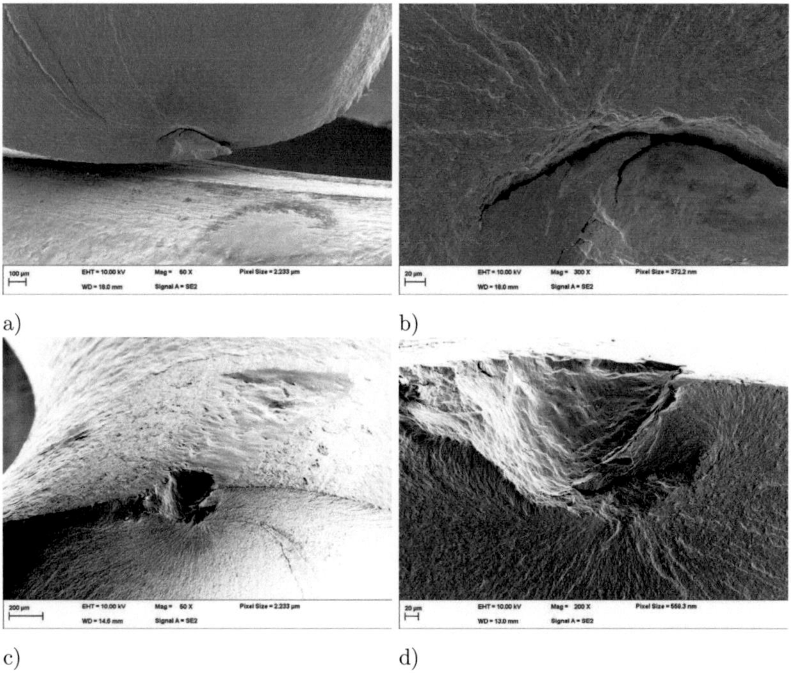

a) b) c) d)

Abbildung 8.10: Bruch der federnden Windung einer Feder von der Variante FV2 bei niedrigem Lastniveau nach $N_B = 139 \cdot 10^6$ Abbildungen a) und b) Endwindung nicht aufgetrennt, Abbildungen c) und d) Endwindung abgetrennt

8.3.2 Sonderereignisse im Endwindungsbereich

Während des Stichversuches ($\tau_{kh} = 900\,\text{MPa}$, $N_G = 22 \cdot 10^6$) ereignen sich zwei Brüche an der ersten federnden Windung von FV4-Federn. Abbildung 8.11 zeigt die Bruchmorphologie einer gebrochenen Feder. Bei beiden Federn kann die Versagensursache auf Korrosionsnarben, welche im nicht kugelgestrahlten Bereich der Windung liegen, zurückgeführt werden. Bei den Varianten FV3 und FV5 kommt es jeweils zu einem Federbruch nach ca. 0,75 Windungen. Beide Brüche ereignen sich zwischen

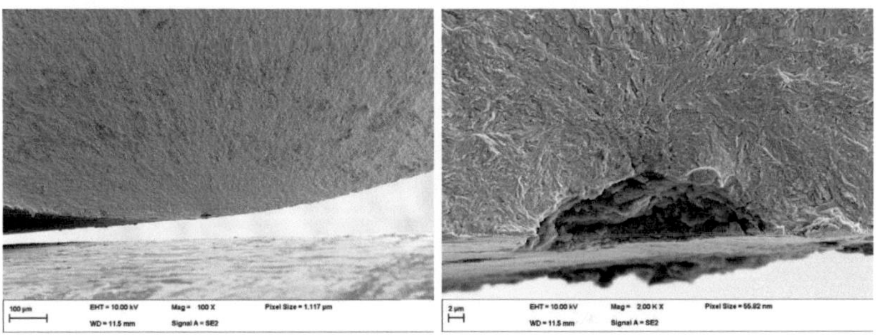

a) b)

Abbildung 8.11: Bruch der federnden Windung einer Feder der Variante FV4 a) Übersicht, b) Detailansicht Bruchausgangsort

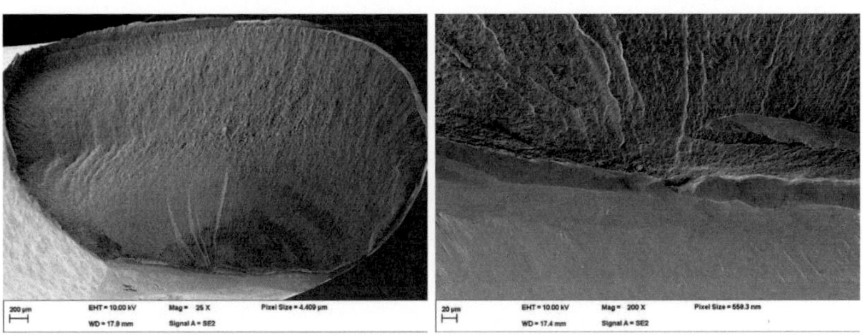

a) b)

Abbildung 8.12: Bruch der angeschliffenen Windung einer Feder der Variante FV3 nach 0,75 Windungen a) Übersicht, b) Detailansicht Bruchausgangsort

$200 \cdot 10^6$ und $300 \cdot 10^6$ Lastwechseln. Abbildung 8.12 zeigt die Bruch- und Aufstandfläche der gebrochenen FV3-Feder. Aufgrund der starken plastischen Deformation der Aufstandsfläche, welche mit hoher Wahrscheinlichkeit nach dem Schwingbruch entstanden ist, kann die Versagensursache nicht mehr eindeutig identifiziert werden. Lediglich eine Eingrenzung des Bruchausgangsortes auf die Aufstandsfläche bzw. auf den oberflächennahen Bereich ist möglich. Schwingbruchlinien der Bruchfläche weisen auf eine lokal begrenzte Brucheinleitung hin, wie Sie z.B. von Partikeleindrücken herrühren oder durch eine ungünstige Kontaktbeanspruchung hervorgerufen werden können.

Nach dem Ausbau aus der Prüfmaschine ist bei 18 Federn der Variante FV2 und drei Federn der Variante FV3 ein Abbruch der Drahtendenspitze zu beobachten. Die Rasterelektronische Auswertung einer FV2-Feder ist in Abbildung 8.13 dargestellt. Die

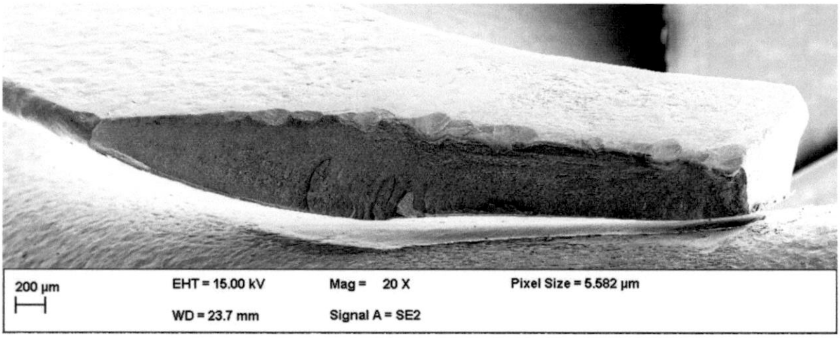

Abbildung 8.13: Drahtendenbruch einer Feder der Variante FV2, Ausbau nach $N = 5,9 \cdot 10^6$ Lastwechseln

Struktur der Bruchfläche wird zur Aufstandsfläche hin feiner, was auf einen Schwingbruchbeginn an der Aufstandsfläche hinweist. Der Randbereich zwischen Bruch- und Aufstandsfläche zeigt lokale plastische Deformationen. Wie Abbildung 7.3 b) aufzeigt, weisen die Varianten FV2 und FV3 die geringsten Drahtendendicken auf und besitzen somit eine erhöhte Anfälligkeit für Drahtendenbrüche, s. Kapitel 2.4. Da diese Drahtendenbrüche die Funktionstüchtigkeit der Feder nicht beeinflussen, werden die Abbrüche im Rahmen dieser Arbeit nicht als Versagen gewertet. Gleichwohl sei an dieser Stelle darauf hingewiesen, dass die Bruchstücke eventuell eine mechanische Verletzung der Feder hervorrufen und eine Systembeeinträchtigung darstellen können.

8.4 Oberflächenanalyse

Für die Verschleißanalyse des Windungskontaktes werden nicht gebrochene Federn der Varianten an den Federseiten nach $N = 300 \cdot 10^6$ Zyklen aufgetrennt und die Verschleißoberfläche wird an der federnden Windung ermittelt. Aufgrund der Maschinenkonstruktion, s. Abbildung 8.1, erfolgt die Verschleißanalyse stockwerkabhängig. In Abbildung 8.14 sind die Häufigkeitsverteilungen von Federn des 1. Stockes und in Abbildung 8.15 die Häufgkeitsverteilungen des 2. Stockes dargestellt. Im 1. Stock

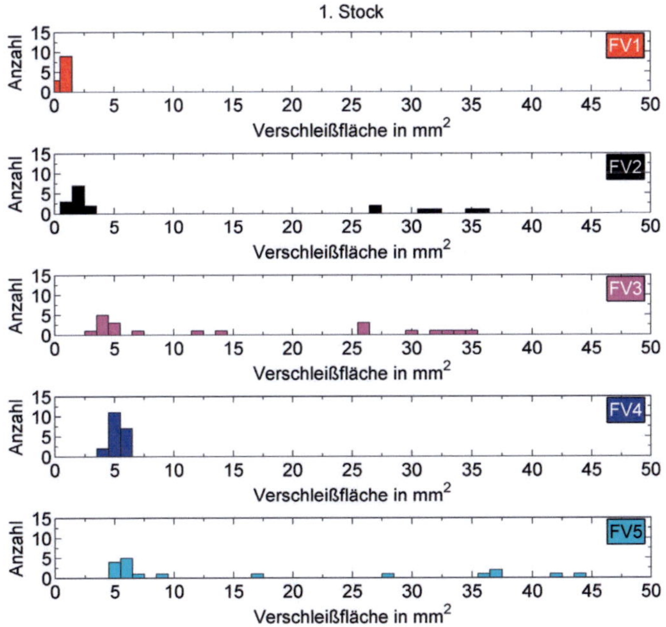

Abbildung 8.14: Verschleißoberflächen der Federn im 1. Stock, Ausbau der Federn nach $N = 300 \cdot 10^6$ Schwingspielen

zeigen alle Varianten eine erhöhte Häufigkeit bei niedrigen Verschleißoberflächen auf, wobei sich die Streuung der Varianten signifikant unterscheidet. Die endwindungsbruchanfällige Variante FV1 und die endwindungsbruchunauffällige Variante FV4 zeichnen sich im Gegensatz zu den übrigen Varianten durch eine geringe Streuung der Verschleißflächen aus. Bei der endwindungsbruchauffälligen Variante FV2 bilden sich entweder Verschleißflächen kleiner 5 mm^2 oder Verschleißflächen größer 25 mm^2 aus. Ein tendenziell gleichmäßigeres Verteilungsbild ergibt sich bei den Varianten FV3 und FV5. Im 2. Stock, der außerhalb des Öl-Kreislaufes der Prüfmaschine liegt,

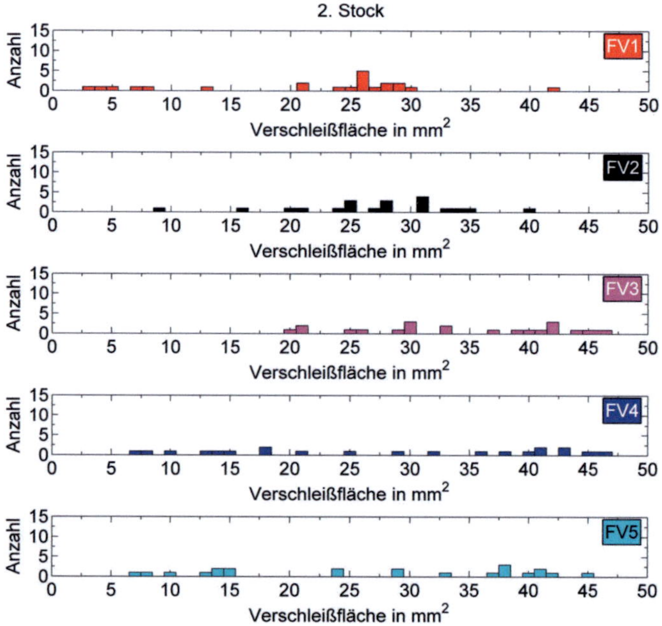

Abbildung 8.15: Verschleißoberflächen der Federn im 2. Stock, Ausbau der Federn nach $N = 300 \cdot 10^6$ Schwingspielen

wird über alle Varianten hinweg ein erhöhter Verschleiß mit einer großen Streuung gemessen. Vereinzelt werden bei Federn der Variante FV1 Verschleißflächen kleiner 5 mm^2 gemessen. Die Federn der Variante FV1 und FV4 weisen im 1. Stockwerk ein einheitlicheres Verschleißbild auf als die übrigen Federpopulationen. Aus der Maschinenbelegung, s. Abbildung A.12 bis A.15, ist zu entnehmen, dass die Federn der Varianten FV1 und FV4 während der Prüfung an den äußeren Stellplätzen und die Federn der Varianten FV2, FV3 und FV5 in der Maschinenmitte platziert sind. Die Gegenüberstellung der Federstellplätze mit der Verschleißauswertung zeigt, dass neben dem Stockwerk auch der Stellplatz innerhalb eines Stockwerkes einen wesentlichen Einfluss auf den abrasiven Verschleiß hat. Stabile Schmierverhältnisse stellen sich lediglich im 1. Stock an der Prüfmaschinenaußenseite ein. Abbildung 8.16 a) und 8.16 b) zeigen die Draufsicht auf zwei Federn der Variante FV2, die im 1. Stock geprüft und nach $N = 300 \cdot 10^6$ Zyklen aus der Maschine entnommen werden. Die Feder in Abbildung 8.16 a) weist eine Verschleißfläche von $A_V \approx 33\,\mathrm{mm}^2$ und die Feder in Abbildung 8.16 b) eine deutlich kleinere Verschleißfläche von $A_V \approx 1\,\mathrm{mm}^2$ auf. Abbildung

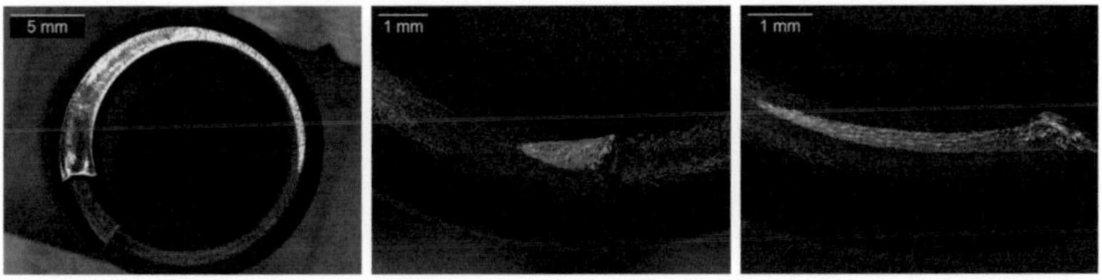

a) b) c)

Abbildung 8.16: Verschleißoberfläche von geprüften Federn der Variante FV2 des 1. Stockes a) Durchläufer ($N = 300 \cdot 10^6$) mit erhöhtem Verschleiß, b) Durchläufer ($N = 300 \cdot 10^6$) mit geringem Verschleiß, c) Endwindungsbruch ($N_B = 270 \cdot 10^6$) mit geringem Verschleiß

8.16 c) zeigt die Verschleißfläche eines Endwindungsbruches nach $N_B = 270 \cdot 10^6$ Schwingspielen. Die Verschleißfläche beträgt $A_V \approx 1{,}8\,\mathrm{mm}^2$. Eine eventuell verspätete Bruchdetektion aufgrund des sich nicht sofort einstellenden Steifigkeitsverlustes und das Windungsabscheren beim Federbruch hat zur Folge, dass die ermittelte Verschleißfläche mit einer gewissen Unsicherheit behaftet ist. Bei allen untersuchten Endwindungsbrüchen ist, unabhängig von der Federgeometrie, ein geringer abrasiver Verschleiß mit einer Verschleißfläche zwischen $0{,}5\,\mathrm{mm}^2$ und $2\,\mathrm{mm}^2$ festzustellen. Die teilweise starke Zunahme der Verschleißfläche führt zu einer Vergrößerung der Kontaktbreite. Bei gleichbleibendem Abwälzverhalten kann sich die Kontaktkraft auf eine größere Verschleißfläche verteilen, was eine Reduktion der Kontaktbeanspruchung zur

Folge hat. Da der Materialabtrag vom Verschleißweg und somit von der Schwingspielzahl abhängt, stellt sich eine zeitlich veränderliche Kontaktbeanspruchung ein. Vor diesem Hintergrund kann die Auffälligkeit vom Ausbleiben der Endwindungsbrüche bei der Variante FV2 im 2. Stock auf einen erhöhten abrasiven Verschleiß zurückgeführt werden. Der teilweise geringe abrasive Verschleiß von Federn der Variante FV1 im 2. Stock deutet darauf hin, dass bei diesen Federn geringe Relativbewegungen zwischen den Windungen auftreten, was eine zyklisch gleichbleibende Kontaktbeanspruchung zur Folge hat und wiederum Endwindungsbrüche begünstigt.

Eine Primärschädigung der Oberfläche in Form von Kontaktermüdungsausbrüchen wird bei einigen Federn der Varianten FV1 und FV2, die einen geringen abrasiven Verschleiß aufweisen, festgestellt. Beispielhaft zeigt Abbildung 8.17 a) die aufgetrennte Kontaktoberfläche einer Feder der Variante FV1 nach $N = 200 \cdot 10^6$ Schwingspielen. Am Rande der Kontaktstelle ist ein kreisförmiger Oberflächenausbruch zu

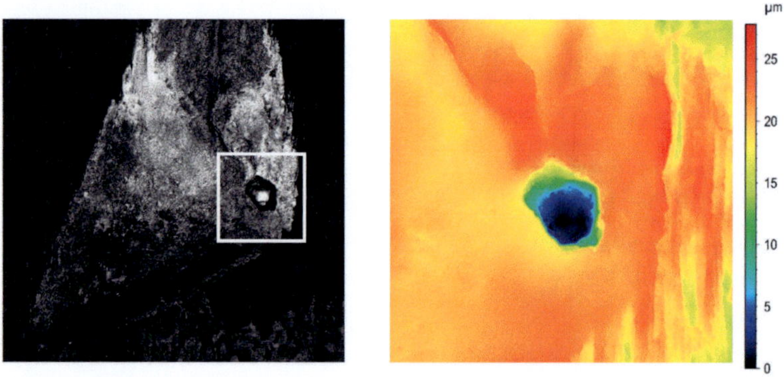

a) b)

Abbildung 8.17: Draufsicht auf die Kontaktfläche einer Feder der Variante FV1 nach $N = 200 \cdot 10^6$ Schwingspielen a) Übersicht Kontaktoberfläche b) Höhenänderung der Oberfläche nach Abzug des Drahtprofils

erkennen. Die Untersuchung mit einem konfokalen Lasermikroskop ergibt eine Tiefe von ca. 20 µm und einen Durchmesser von ca. 50 µm, s. Abbildung 8.17 b). Die Herausrechnung des Drahtprofils erfolgt über ein Polynom 2. Ordnung. Abbildung 8.18

zeigt die Kontaktoberfläche einer Feder der Variante FV1 die im Endwindungsbereich nach $N_B = 115 \cdot 10^6$ Lastwechsel gebrochen ist. Im Kontaktbereich zeichnet sich die Oberflächentopologie durch einen glatten, teilweise wellenförmigen Verlauf aus, was auf geringe Relativbewegungen und große plastische Verformungen zwischen den Windungen schließen lässt. An der Messstelle MS2 wird im Gegensatz zur Messstelle MS1

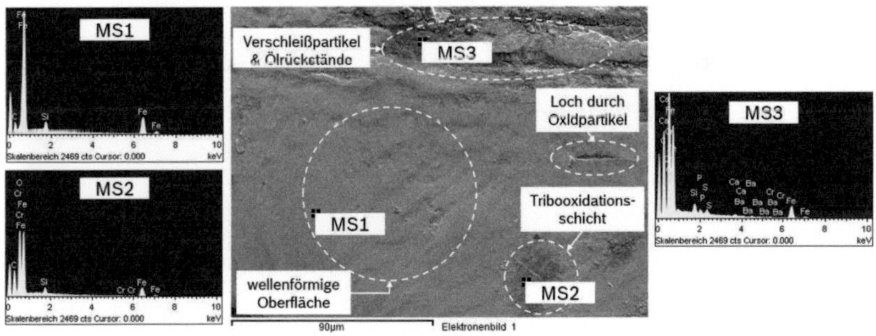

Abbildung 8.18: EDX-Auswertung der Kontaktoberfläche einer Feder der Variante FV1 nach $N_B = 115 \cdot 10^6$ Lastwechseln

ein erhöhter Kohlenstoffanteil und Sauerstoff detektiert. Diese Bestandteile sind charakteristisch für die Ausbildung einer Tribooxidationsschicht. Vereinzelt werden auf der Oberfläche kleine Löcher beobachtet, die durch abplatzende Partikel der Tribooxidationsschicht entstehen. An der Messstelle MS3, am Rande der Kontaktsstelle, liegt Oxidbildung vor, welche auf Verschleißpartikel und Ölrückstände schließen lässt. Auffälligkeiten durch Adhäsion oder eine Zerfurchung der Oberfläche können nicht festgestellt werden.

8.5 Schwingfestigkeitsergebnisse

Die Schwingfestigkeitsergebnisse der Federbrüche finden sich in Abbildung 8.19. Die leicht unterschiedlichen Prüfniveaus zwischen den einzelnen Varianten resultieren aus dem weg geregelten Aufbau der Prüfmaschine und den leicht unterschiedlichen Kraft-Weg-Verläufen der Federvarianten, s. Kapitel 8.1. Die Unterschiede zwischen den Varianten liegen im einstelligen Prozentbereich und werden als vernachlässigbar erachtet.

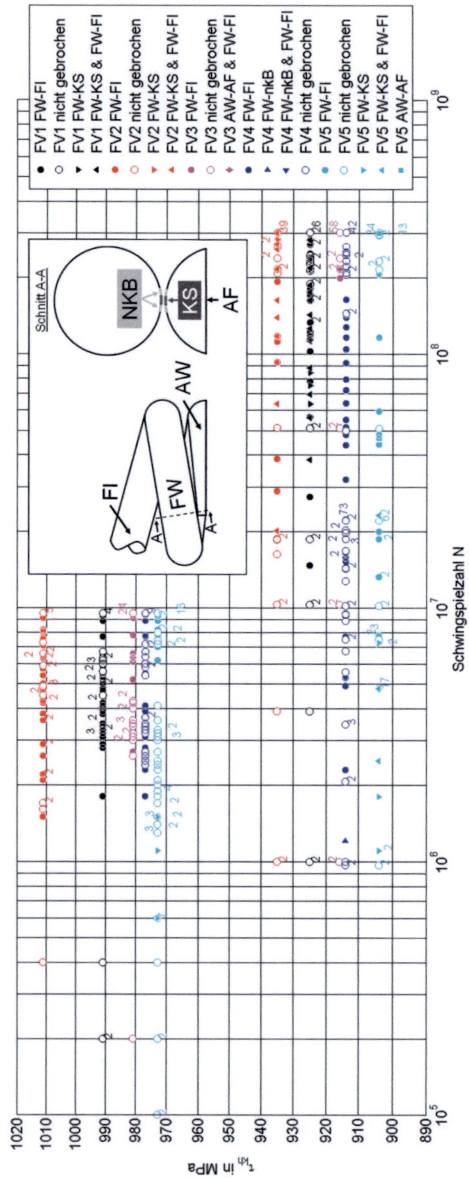

Abbildung 8.19: Schwingfestigkeitsergebnisse der Federvarianten

Im oberen Lastniveau ereignen sich bei Variante FV5 fünf Federbrüche an der Kontaktstelle (FW-KS). Bei den übrigen Varianten treten konventionelle Brüche an der Federinnenseite (FW-FI) auf. Auf der unteren Laststufe, mit deutlich längeren Prüfzeiten, kommt es zu 19 Torsionsschwingbrüchen durch Kontaktermüdung bei Variante FV1 und 14 Torsionsschwingbrüchen durch Kontaktermüdung bei Variante FV2. Durch Kontaktermüdung versagen bei Variante FV5 an der ersten federnden Windung 31 Federn. Ausgehend von Korrosionsnarben stellen sich bei Variante FV4 zwei Schwingbrüche (FW-NKB) ein. Bei Variante FV3 kommt es zu einem Bruch der Aufstandsfläche nach $N_B = 216 \cdot 10^6$ und bei Variante FV5 zu einem Doppelbruch (AW-AF & FW-FI) nach $N_B = 299 \cdot 10^6$ Schwingspielen. Bei den Varianten FV1 und FV2 kommt es häufig zu Doppelbrüchen (FW-FI & FW-KS), s. Abbildung 8.6. Wie in Kapitel 8.1 erläutert, können Innenrandbrüche zuverlässig detektiert werden, da durch den Bruch ein vollständiger Verlust der Federsteifigkeit einhergeht. Ein Endwindungsbruch kann zunächst auch nur einen Teilverlust der Federsteifigkeit bewirken. Liegt dieser Fall vor, dann sind diese Steifigkeitsänderungen im Vergleich zur Gesamtsteifigkeit des Feder-Masse-Systems gering und können mit der Abschaltvorrichtung nicht zuverlässig erfasst werden. Durch den Endwindungsbruch kommt es zu einer ungleichmäßigeren Kraftein- bzw. Kraftausleitung an den Federseiten. Die daraus resultierende Beanspruchungsänderung im federnden Windekörper ruft eine zusätzliche Biegebeanspruchung und ein vergleichsweise zeitnahes Versagen im federnden Windekörper hervor. Für das zeitnahe Versagen spricht, dass sich die Bruchschwingspielzahlen der Doppelbrüche und die Schwingspielzahlen der einzelnen Endwindungsbrüche nicht voneinander abgrenzen. Vor diesem Hintergrund wird bei der statistischen Auswertung keine Unterscheidung zwischen Einzelbrüchen und Doppelbrüchen vorgenommen.

Abbildung 8.20 zeigt die Ergebnisse der Schwingversuche für den konventionellen Versagensort FW-FI. Die statistische Auswertung der Innenrandbrüche erfolgt unter Zuhilfenahme der von J. R. Fischer entwickelten Maximum-Likelihood-Methode [43]. Die Likelihoodfunktion

$$L_{ML}(M_1, ..., M_j | q_1, ..., q_m) = \prod_{i=1}^{n} f(M_1, ..., M_j | q_1, ..., q_m) \tag{8.3}$$

beschreibt das Produkt der Dichtefunktionen f, mit der Anzahl k der noch zu bestimmenden Parametern q und der Anzahl j der Merkmale M. Um die Parameter

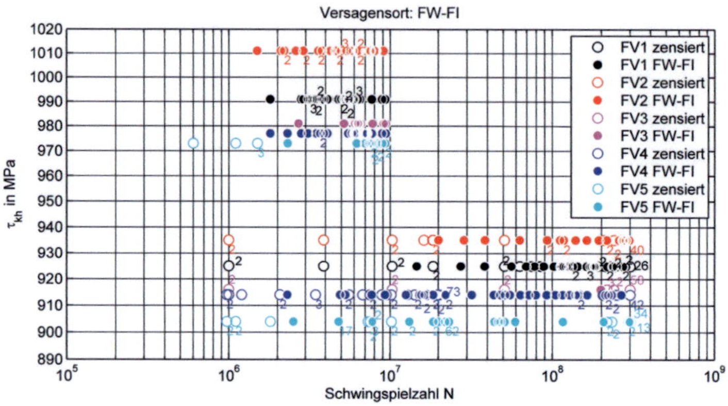

Abbildung 8.20: Ergebnisse der Schwingversuche für Innenrandbrüche

der zugrundeliegenden Verteilungsfunktion zu ermitteln, muss die Likelihoodfunktion maximiert werden. Hierzu müssen die ersten Ableitungen nach q_n gebildet und zu Null gesetzt werden. Dies führt zu dem Ausdruck

$$\frac{\partial L_{ML}}{\partial q_n} = 0 \text{ mit } 0 \leq n \leq m \; . \tag{8.4}$$

Die Schwingfestigkeitsauswertung mit der Maximum-Likelihood-Methode unter Berücksichtigung von zensierten Daten ist unter anderem von Dressler et al. in [40] sowie von Spindel und Haibach in [143] erläutert. In der Praxis wird das Optimierungsproblem mit der logarithmierten Likelihoodfunktion gelöst. Die Einbeziehung mehrerer Lasthorizonte unter Verwendung der Beziehung

$$\frac{N_1}{N_2} = \cdot \left(\frac{\sigma_1}{\sigma_2}\right)^{-k} \tag{8.5}$$

ist von Haydn und Schwabe in [63] erläutert. Die logarithmierte Form der Likelihood-Funktion ergibt sich durch Addition der Summe von den logarithmierten Wahrscheinlichkeitsdichten der Ausfälle und der Summe von den logarithmierten Überlebenswahrscheinlichkeiten der zensierten Daten zu

$$ln[L_{ML}(N_1^*, ..., N_n^*|m, s, k)] = S_A + S_Z \tag{8.6}$$

$$\text{mit } S_A = \sum_{i=1}^{n_A} ln[f(N_1^*, ..., N_i^*|m, s, k)],$$

$$S_Z = \sum_{j=n_A+1}^{n} ln[1 - \Phi(N_1^*, ..., N_j^*|m, s, k)],$$

$$N_i^* = N_i \cdot \left(\frac{\sigma_{Bezug}}{\sigma_i}\right)^{-k} \text{ und } N_j^* = N_j \cdot \left(\frac{\sigma_{Bezug}}{\sigma_j}\right)^{-k}.$$

Hierbei beschreibt σ_{Bezug} einen frei wählbaren Belastungshorizont, n_A die Anzahl der Ausfälle, N_i die Schwingspielzahlen und σ_i die dazugehörigen Spannungen der eingetretenen Ereignisse sowie N_j die Schwingspielzahlen und σ_j die dazugehörigen Spannungen der zensierten Ereignisse. Für Gleichung 8.6 wird eine lastunabhängige Streuung in Schwingspielzahlrichtung unterstellt. Wird für die Verteilungsfunktion f eine Log-Normalverteilung zugrunde gelegt, dann beschreiben die zu identifizierenden Parameter die Neigung k, die Standardabweichung s und die Mittellage m der Wöhlerlinie.

Zunächst wird die Auswertung für jede Federvariante und anschließend für alle Innenrandbrüche durchgeführt. Brüche an der Kontaktstelle, an der Aufstandsfläche oder Brüche im nicht kugelgestrahlten Bereich werden, entsprechend Abbildung 8.20, als zensierte Merkmale behandelt. Die Kennwerte sind in Tabelle B.6 aufgeführt. Die Wöhlerlinie der gemeinsamen Auswertung zeigt Abbildung 8.21, wobei aus Gründen der Übersichtlichkeit Mehrfachereignisse als einfaches Ereignis visualisiert sind. Aus

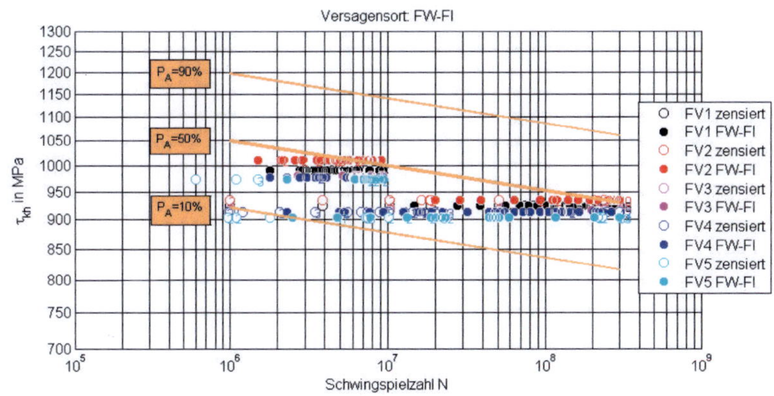

Abbildung 8.21: Wöhlerdiagramm Innenrandbrüche

Tabelle B.6 ist zu entnehmen, dass die Differenz der einzelnen Spannungswerte bei einer Bezugsschwingspielzahl von $N = 100 \cdot 10^6$ vernachlässigbar sind, d.h. ein signifikanter Unterschied im örtlichen Schwingfestigkeitsverhalten der Federvarianten, welcher z.B. während der Federfertigung entstehen kann, ist nicht festzustellen.

In Abbildung 8.22 sind alle durch Kontaktermüdung aufgetretenen Federbrüche der federnden Windung dargestellt. Die mit der Maximum-Likelihood-Methode bestimmten Ergebnisse sind in Tabelle B.7 aufgelistet. Bei Variante FV1 haben sich 16 Endwindungsbrüche am Federende und drei Endwindungsbrüche am Federanfang ausgebildet. Die Variante FV2 zeigt elf Endwindungsbrüche am Federende und jeweils drei Brüche durch Kontaktermüdung am Federanfang. Bei der Variante FV5 haben sich elf Brüche am Federanfang und drei Brüche am Federende ausgebildet. Des Weiteren wird eine Differenzierung zwischen den Versagensorten Federanfang und Federende sowie zwischen oberflächennahem Versagen im HCF-Bereich und Bruchausgang unterhalb der Oberfläche im VHCF-Bereich durchgeführt. Endwindungsbrüche mit ei-

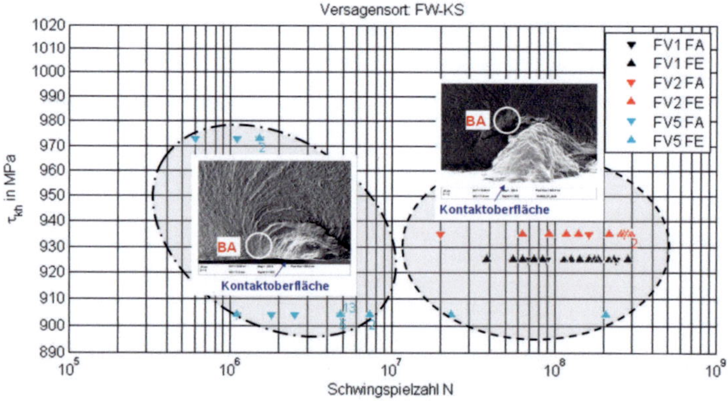

Abbildung 8.22: Brüche an der ersten federnden Windung durch Kontaktermüdung

nem Bruchausgang im oberflächennahen Bereich zeichnen sich durch geringere Bruchschwingspielzahlen aus, als Endwindungsbrüche mit einem Bruchausgang unterhalb der Oberfläche. Auf Grundlage der Schwingfestigkeitsversuche und der Schadensanalyse wird eine Untergliederung des Schadensmechanismus vorgenommen. Nachfolgend werden Endwindungsbrüche im VHCF-Bereich mit einem Bruchausgang unterhalb der Oberfläche als VHCF-Kontaktermüdung und Endwindungsbrüche mit einem oberflächennahen Bruchausgang als HCF-Kontaktermüdung bezeichnet. Bei der

VHCF-Kontaktermüdung wird die Primärschädigung durch Kontaktermüdungsrissbildung und bei der HCF-Kontaktermüdung wird die Primärschädigung fertigungs- bzw. verschleißbedingt induziert.

Entsprechend den Drahtherstellerangaben [144, 145] werden die Ventilfederdrähte einer kontinuierlichen Oberflächenprüfung und einer Strichprobenprüfung unterzogen. Bei der Stichprobenkontrolle wird an den untersuchten Drahtabschnitten ein Oberflächenfehler kleiner 17,5 µm zugelassen. Entsprechend den drahtherstellerspezifischen Qualitätskriterien können im nicht kugelgestrahlten Bereich der Endwindung grundsätzlich Oberflächendefekte von bis zu 40 µm auftreten. Die 100%-Prüfung erfolgt über eine Wirbelstromprüfanlage. Dies entspricht auch dem in DIN EN 10270-2 [30] angegebenen vom Drahtdurchmesser abhängigen Grenzwert. Aktuell liegen keine Informationen über die Auftrittswahrscheinlichkeit solcher fertigungsbedingter Defekte vor. Wie in Abbildung 5.13 aufgezeigt, führen Defekte mit einer Tiefe von 40 µm zu einem Schwingfestigkeitsabfall von ca. 50%. Die grundsätzliche Auftrittsmöglichkeit solcher Oberflächenfehler und die aufgezeigte schwingfestigkeitsmindernde Wirkung bieten eine mögliche Erklärung für Endwindungsbrüche im HCF-Bereich mit einem Bruchausgang im oberflächennahen Bereich. Den Reib- und Verschleißuntersuchungen in Kapitel 5.1 ist zu entnehmen, dass sich während des Einscheuervorgangs der rauen Drahtoberflächen temporäre Reibwertspitzen und lokale Materialausbrüche einstellen. Diese örtlichen Materialausbrüche führen zu einer Schädigung der Drahtoberfläche und begünstigen Endwindungsbrüche bei geringer Schwingspielzahl, s. Abbildung 5.2 b). Die Eigenspannungsauswertung in Kapitel 7.4 hat ergeben, dass sich an der Oberfläche von ungeprüften Federn örtlich begrenzte Bereiche (EWK) mit Zugeigenspannungen ausbilden, welche sich mit fortschreitender Schwingspielzahl hin zu Druckeigenspannungen umlagern. Die zu Beginn der Prüfung vorliegenden Oberflächenbereiche mit Zugeigenspannungen können als Materialschwachstellen aufgefasst werden, welche ebenfalls ein HCF-Versagen im Endwindungsbereich fördern.

8.6 Zusammenfassung Schwingfestigkeitsversuche

Drei von fünf Federvarianten weisen Endwindungsbrüche auf. Die Analyse der Verschleißoberfläche zwischen den Windungen zeigt, dass neben dem zu erwartenden Einfluss der unterschiedlichen Stockwerke auch der Federstellplatz innerhalb eines

Stockwerkes einen signifikanten Einfluss auf das Verschleißverhalten im Endwindungsbereich hat. Bei Federvarianten die an der Außenseite des 1. Stockwerkes platziert sind, wird eine geringe Streuung des abrasiven Verschleißes innerhalb einer Variante festgestellt und ein vergleichsweiser geringer abrasiver Verschleiß, was auf eine über die Versuchszeit annähernd konstante Endwindungsbeanspruchung schließen lässt. Für die Ableitung eines Bemessungsvorschlages wird das unterschiedliche abrasive Verhalten der Versuchsfedern berücksichtigt. Bei den Federpopulationen, die über die Versuchsdauer konstanten Schmierbedingungen unterliegen, konnte ein Zusammenhang zwischen großem Kontaktwinkel und keinen Endwindungsbrüchen (Federn der Variante FV4 des 1. Stockes) sowie zwischen kleinem Kontaktwinkel und Endwindungsbrüchen (Federn der Variante FV1 des 1. Stockes) experimentell aufgezeigt werden. Aufgrund der Analyse der Schwingversuche wird eine Untergliederung der Schadensmechanismus hinsichtlich

- HCF-Kontaktermüdung mit Bruchausgang im oberflächennahen Bereich,
- VHCF-Kontaktermüdung mit Bruchausgang unterhalb der Oberfläche

vorgenommen. Es werden begünstigende Ursachen für Endwindungsbrüche mit der Ausprägung HCF-Kontaktermüdung vorgestellt, welche auf eine fertigungs- bzw. verschleißbedingte Primärschädigung schließen lassen. Diese HCF-Brüche ereignen sich bei der Federvariante FV5, die ein stark variierendes Anlageverhalten aufweisen. Endwindungsbrüche im Bereich erhöhter Schwingspielzahlen mit einem Bruchausgang unterhalb der Oberfläche weisen auf eine Primärschädigung durch Kontaktermüdungsrissbildung hin.

Kapitel 9

Numerische Beanspruchungsanalyse der Federvarianten

Ziel der numerischen Analyse ist es, Aufschluss über die örtliche Spannungsverteilung im Endwindungsbereich zu erhalten. Für die Separierung der Beanspruchungskomponenten werden die Schnittgrößen entlang der Federspur und der Kontaktdruck zwischen angeschliffener und erster federnder Windung in Abhängigkeit der Federkraft extrahiert. Für die Variante FV5 kann kein stabiles Anlageverhalten über die Fertigungscharge ermittelt werden, es ist keine FE-Validierung der Variante möglich, deshalb beschränkt sich die numerische Beanspruchungsanalyse auf die Varianten FV1 bis FV4.

9.1 Modellbildung

Zur optischen Ermittlung der Federgeometrie wird das Messystem LED3D100 von Microstudio verwendet, s. Kapitel 7.1. Abbildung 9.1 zeigt die Vorgehensweise zur Ableitung der Federspur aus den gemessenen Daten. Um die komplette Federspur des nicht angeschliffenen Windekörpers zu erhalten, wird die Feder zunächst vom Federanfang und danach vom Federende aus vermessen. Über die Gesamtwindungsanzahl n_t werden die Messdaten des Federendes in Richtung des Winkels ϕ ausgerichtet. Anschließend werden die Messdaten des Federendes in Richtung der Höhe h so verschoben, dass der Abstand zwischen den Datensätzen minimal wird. Die Approximation des Höhenverlaufs $h(\phi)$ erfolgt nach der Methode der kleinsten Fehlerquadrate und basiert auf kubischen Splines. Informationen zum äußeren Federdurchmesser D_a bzw. mittleren Federdurchmesser D liegen für einen Winkelbereich von 360° bis $n_t - 360°$ vor. Für das FE-Modell wird der Mittelwert aus den beiden Datensätzen

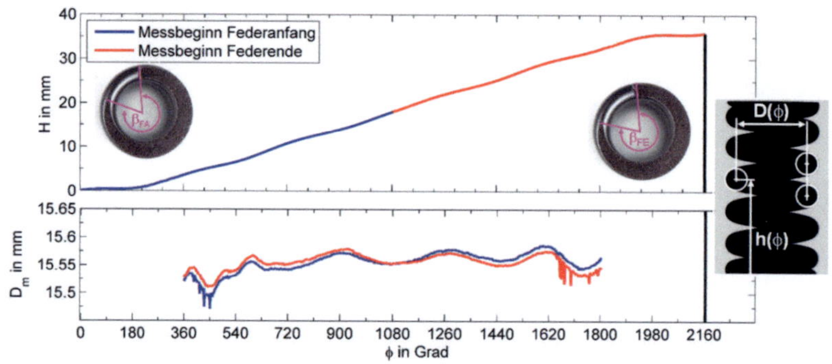

Abbildung 9.1: Vorgehen zur Ableitung der Federspur aus den optischen Messdaten

verwendet. Mit dem mittleren Federdurchmesser und der Höhe $h(\phi)$ ist die Federspur definiert. Der Grundkörper wird durch Extrusion eines Kreises mit dem Drahtdurchmesser d entlang der Federspur generiert. Mittels boolescher Operationen und unter Verwendung der Anschliffwinkel des Federanfangs β_{FA} und des Federendes β_{FE}, s. Abbildung 9.1, wird die angeschliffene Federgeometrie erzeugt. Die Modellgenerierung erfolgt mit dem FEM Programm Abaqus 6.14.

Da der Kontaktbereich im Vergleich zur Feder klein und für konvergente Kontaktdruckspannungen fein diskretiert werden muss, wird die Feder entsprechend Abbildung 9.2 partitioniert. Durch Extrusion der Hilfskreise entlang der Federspur werden zunächst Hilfskörper erstellt. Über boolesche Operationen zwischen der Federgeometrie und den Hilfsgeometrien werden die Teilstücke des FE-Modells generiert. In Summe wird das FE-Modell in elf Teilstücke untergliedert, die unabhängig voneinander vernetzt werden. Über eine kinematische Kopplung der Knoten an den benachbarten Flächen zweier Körper erfolgt die Verbindung der Federstücke (tie constraints). Dies hat zur Folge, dass die Knotenverschiebungen der Master Fläche eines Körpers auf die Knoten der Slave Fläche des Gegenkörpers aufgeprägt werden. In Abbildung 9.3 a) ist die Vernetzung im Endwindungsbereich des Gesamtfedermodells dargestellt. Um in vertretbarer Zeit konvergente Kontaktspannungen zu erhalten, wird die Sub-

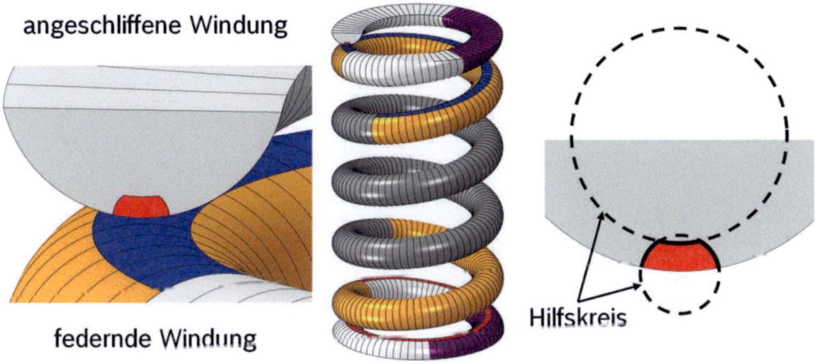

Abbildung 9.2: Partitionierung des Gesamtmodells

modelltechnik angewendet. Die Teilstücke im Kontaktbereich werden im Vergleich zum Gesamtfedermodell deutlich feiner vernetzt. Auf die Knoten der Flächen, die sich nicht im Kontakt befinden, werden die Knotenverschiebungen des Gesamtfedermodells aufgebracht und das Gleichungssystem wird in einer erneuten Analyse gelöst. Ergänzende Erläuterungen zur Vernetzungs- und Submodelltechnik können den Abschlussarbeiten von Schunk [137] und Weber [156] entnommen werden, welche im Rahmen der vorliegenden Arbeit entstanden sind.

Abbildung 9.3 b) visualisiert die angesetzten Rand- und Kontaktbedingungen. Die im unbelasteten Zustand ermittelten Anlagekräfte sind deutlich geringer, als die während der Schwingprüfung auftretenden minimalen Federkräfte und werden deshalb in der FE-Anlayse nicht gesondert berücksichtigt, s. Abbildung 7.18 und Abbildung 8.4. Die Lasteinleitung bzw. -ausleitung erfolgt über diskrete Starrkörper. Für den Normalkontakt wird die geometrische Zwangsbedingung der Unzulässigkeit des Durchdringens zweier Körper (hard contact) verwendet und für den Tangentialkontakt wird ein verallgemeinertes Coulombsches Reibgesetz mit einem Reibwert von $\mu = 0,14$ angesetzt, vgl. Kapitel 5.1.2. Als Kontaktlösungsalgorithmus wird das Penalty-Verfahren verwendet.

Die im Rahmen dieser Arbeit verfasste Abschlussarbeit von Peng [119] hat gezeigt, dass es grundsätzlich möglich ist, den abrasiven Verschleiß im Endwindungsbereich numerisch abzubilden. Die Umsetzung erfolgt über eine bei der Robert Bosch GmbH entwickelte Abaqus-Subroutine. In der Subroutine erfolgt die Berücksichtigung des

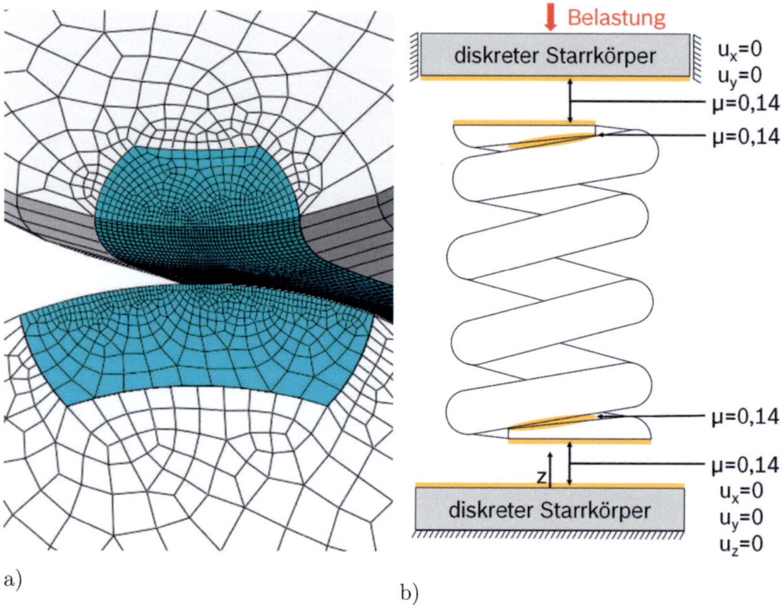

Abbildung 9.3: a) Vernetzung im Endwindungsbereich des Gesamtfedermodells, b) Rand- und Kontaktbedingungen des Gesamtfedermodells

abrasiven Verschleißes über einen knotenbasierten Verschleißansatz auf Grundlage des Archard-Gesetzes [3]. Da die stellplatzabhängigen Schmierbedingungen nachträglich nur mit erheblichem Aufwand und großer Unsicherheit rekonstruiert werden können, erfolgt die numerische Beanspruchungsanalyse ohne Berücksichtigung des abrasiven Verschleißes. Diese Vorgehensweise bietet sich auch aufgrund reduzierter Ressourcenaufwendung an.

Für die FE-Analyse wird ein linear elastisches Materialverhalten mit einem E-Modul von $E = 200\,\text{GPa}$ und einer Querkontraktionszahl von $\nu = 0{,}26$ verwendet, s. Kapitel 4. In Abaqus wird der Modellaufbau über Python [124] Skripte implementiert.

Zusätzlich wird eine Feder pro Variante computertomographisch erfasst und darüber die Federgeometrie abgeleitet. Für die Messung wird zwischen angeschliffener und erster federnder Windung Papier mit einer Dicke von 0,1 mm platziert. Da die Oberflächendetektion auf der Erfassung von Dichteänderungen beruht, wird hierdurch eine

Differenzierung der Kontaktoberflächen ermöglicht. Im Gegensatz zu den optischen oder taktilen Messverfahren, kann mit der Computertomographie (CT) die komplette Oberfläche mit einer Messung erfasst werden. Die FE-Aufbereitung der Geometrie aus der computertomographischen Analyse folgt den zuvor beschriebenen Schritten.

9.2 Modellabgleich

Die FE-Validierung erfolgt über die Analyse des federkraftabhängigen Abwälzverhaltens zwischen angeschliffener und federnder Windung. Hierfür wird das experimentell über die Lichtspaltmethode ermittelte Anlageverhalten mit dem numerisch ermittelten Windungsabstand verglichen.

Zunächst wird die FE-Kontaktfläche entlang des Federdrahtes in Inkremente von $\Delta = 0,4\ ^\circ$ unterteilt, danach wird aus den Knoten der Kontaktflächensegmente der minimale Windungsabstand ermittelt. Trägt man die so ermittelten Werte entlang des Drahtverlaufs auf, dann erhält man einen Verlauf wie in Abbildung 9.4 skizziert.

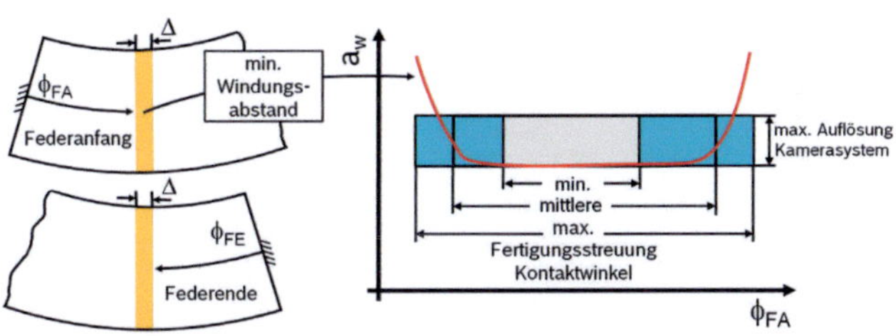

Abbildung 9.4: Durchführung des FE-Modellabgleichs durch Vergleich des numerisch ermittelten Windungsabstandes mit dem experimentell ermittelten Anlageverhalten

Entlang der Kontaktoberfläche beschreibt ϕ_{FA} die Winkellage an der Drahtoberfläche am Federanfang und ϕ_{FE} die Winkellage an der Drahtoberfläche am Federende. Da der experimentell ermittelte Kontaktwinkel einer gewissen Unsicherheit unterliegt, wird der Kontaktwinkel als Balken in das Diagramm eingezeichnet. Die Balkenhöhe beträgt 4,4 µm und entspricht der max. Auflösung des Kamerasystems. Zusätzlich beinhaltet das Diagramm die Fertigungsstreuung des Kontaktwinkels aus Kapitel 7.8. Der Abgleich der FE-Modelle, welche auf Grundlage einer CT-Messung und einer optischen Messung abgeleitet werden, sind in Abbildung 9.5 dargestellt. Deutlich zu erkennen ist die Diskrepanz zwischen den numerischen Windungsabständen und den experimentellen Kontaktwinkeln. Mit der direkten Bestimmung der Federgeometrie aus computertomographischer oder optischer Messung und anschließender FE-Analyse kann das Anlageverhalten im Endwindungsbereich im Allgemeinen nicht ausreichend aufgelöst werden. Um das Abwälzverhalten zutreffend abbilden zu können, wird die

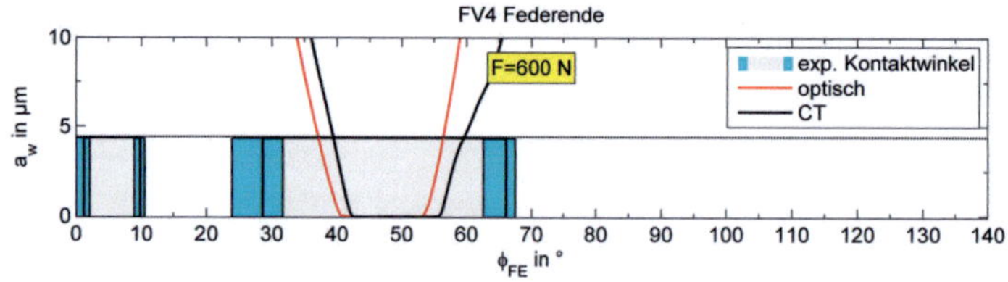

Abbildung 9.5: FE-Abgleich der Variante FV4 am Federende ohne iterative Anpassung der Federspur bei einer Federkraft von $F = 600$ N

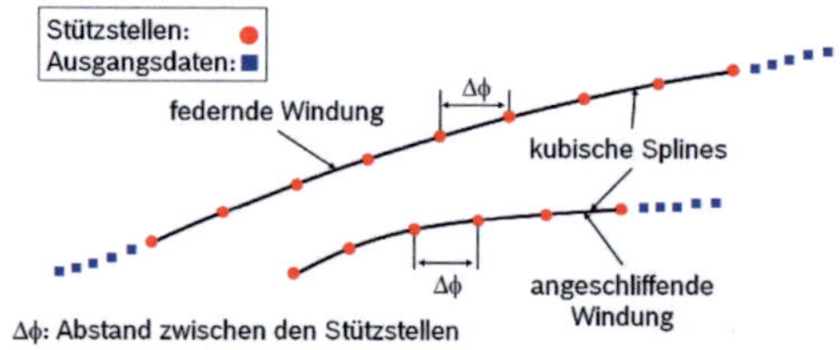

Abbildung 9.6: Iterative Anpassung der Federspur durch kubische Splines

Federgeometrie im Endwindungsbereich angepasst. Aufgrund der mathematisch einfachen Zugänglichkeit bietet sich die Federspur zur Anpassung der Federgeometrie an. Im Bereich der Endwindung wird die Höhe $h(\phi)$ der angeschliffenen und der ersten federnden Windung über kubische Splines abgebildet, und iterativ angepasst, bis das FE-Modell das nichtlineare Abwälzverhalten adäquat abbildet, s. Abbildung 9.6. Eine Anpassung des Feder- oder des Drahtdurchmessers wird nicht vorgenommen. Es hat sich gezeigt, dass mit einer geringen Stützstellenzahl ein guter Abgleich erreicht wird. Bei allen Geometrien wird eine iterative Anpassung der Höhe im Bereich einiger hundert Mikrometer durchgeführt. In Abbildung 9.7 ist der Windungsabstand von Variante FV1 am Federende und von Variante FV4 am Federanfang für die

Federkräfte 200 N, 400 N, 600 N, 800 N und 1000 N dem jeweiligen Anlageverhalten gegenübergestellt. Im Rahmen der experimentell ermittelten Fertigungsstreuung

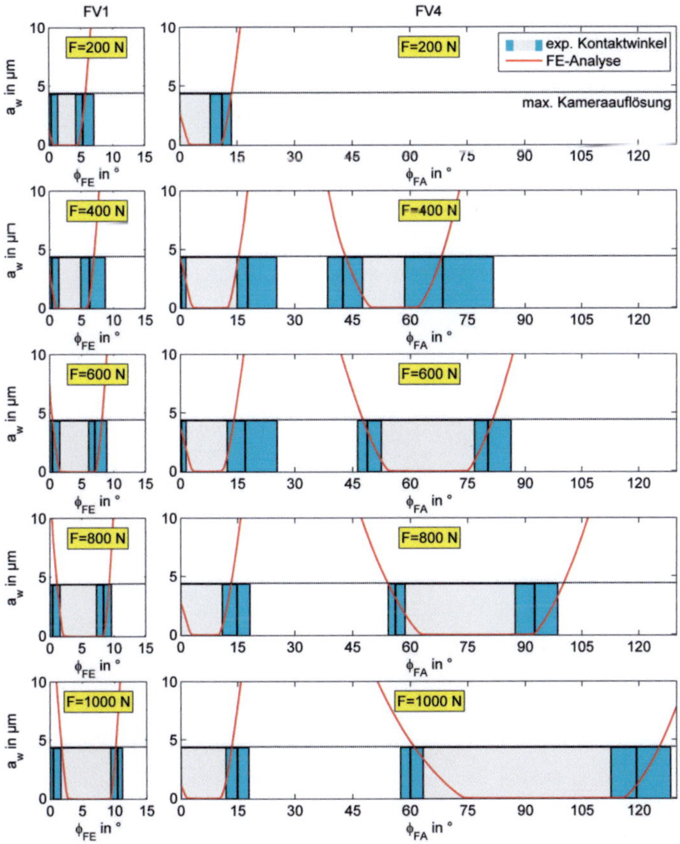

Abbildung 9.7: FE-Abgleich der Variante FV1 am Federende und der Variante FV4 am Ferderanfang für die 5 Laststufen

ergibt sich über alle Laststufen eine gute Übereinstimmung zwischen den Windungsabständen und den Kontaktwinkeln. Der FE-Abgleich der übrigen Varianten ist in Abbildung A.19 bis Abbildung A.24 aufgeführt.

9.3 Schnittgrößen

Die Schnittgrößenextraktion entlang des Federdrahtes wird über ein Python Skript realisiert, wobei die Schnittflächen schon während der Modellerstellung generiert werden. Bei Erstellung der Flächen wird darauf geachtet, dass der Normalenvektor der Schnittfläche mit dem Tangentenvektor am Durchstoßpunkt zusammenfällt, s. Abbildung 9.8 a). Die Erzeugung der Schnittflächen erfolgt in Schritten von 5°. Die Bestimmung der Reaktionsgrößen wird über die Auswertung der Knotenkräfte auf der Schnittfläche und unter Berücksichtigung des dazugehörigen Flächenschwerpunktes realisiert, s. Abbildung 9.8. Zunächst wird an den Schnittflächen der Flächenschwer-

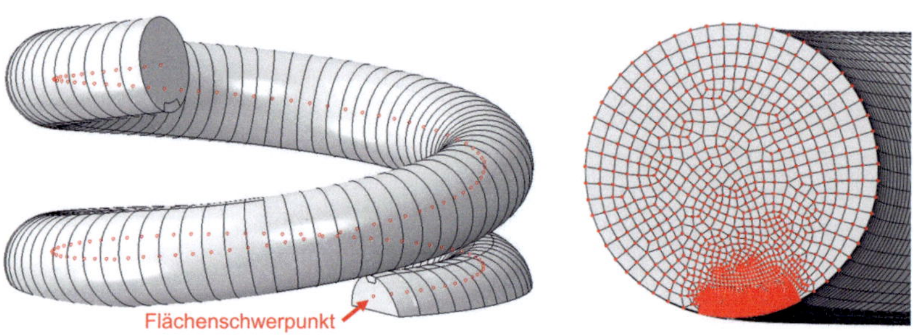

a) b)

Abbildung 9.8: a) Endwindungsgeometrie mit Schnittflächen senkrecht zur Federspur und dazugehörigen Flächenschwerpunkten, b) Knotenverteilung auf der Schnittfläche

punkt im unbelasteten Zustand ermittelt. Für den nicht angeschliffenen Windungsbereich liegen diese auf der Federspur. Im Bereich des Windungsanschliffs ergibt sich der Flächenschwerpunkt indem der Schnittpunkt zwischen Federspur und Schnittfläche in der Schnittebene um den Abstand Δa korrigiert wird, s. Abbildung 9.9. Der Abstand Δa wird über

$$\Delta a = \frac{2}{3} \cdot \frac{r \cdot sin^3(\kappa)}{\kappa - sin(\kappa)cos(\kappa)} \tag{9.1}$$

berechnet [1]. Für die unbelastete Ausgangskonfiguration sind somit alle Flächenschwerpunkte bekannt. Da während des Einfedervorganges im Allgemeinen große Windungsverschiebungen auftreten, unterliegen die Auswertungsflächen signifikanten Verschiebungen. Um die Schnittgrößen zutreffend bestimmen zu können, wird

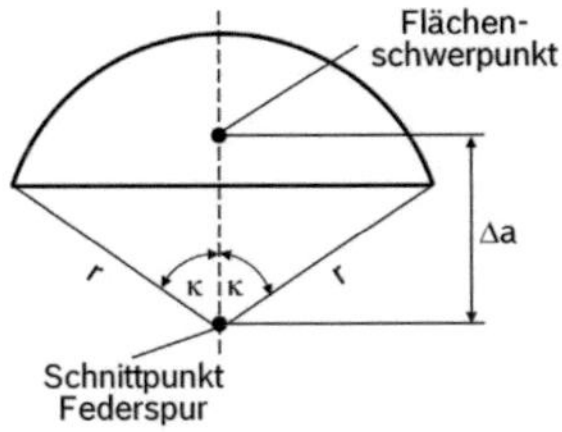

Abbildung 9.9: Korrektur angeschliffene Windung um Abstand Δa

die Flächenschwerpunktslage in der aktuellen Momentankonfiguration ermittelt. Für die nachfolgende Betrachtung wird die Annahme vom Ebenbleiben der Querschnitte (Bernoullische Annahme) vorausgesetzt, d.h. Querschnitte, die vor der Deformation senkrecht auf der Drahtachse stehen, befinden sich auch nach der Deformation senkrecht auf der Drahtachse. Um die Flächenschwerpunktslage im belasteten Zustand zu bestimmen, wird die Flächenschwerpunktslage der Ausgangskonfiguration um die mittlere Knotenverschiebung der Schnittfläche korrigiert. In Abhängigkeit der äußeren Belastung F berechnet sich die Flächenschwerpunktslage der Momentankonfiguration $\vec{u}^S$ über

$$\vec{u}^S(F) = \vec{u}^{S0} + \frac{1}{k}\sum_{k=1}^{n} \Delta\vec{u}^k(F). \tag{9.2}$$

Hierbei beschreibt $\vec{u}^{S0}$ die Flächenschwerpunktslage der Ausgangskonfiguration, $\Delta\vec{u}^k$ die Relativverschiebung des Knotens k und n die Anzahl der Knoten auf der Schnittfläche. Durch die bekannte Lage des Flächenschwerpunktes und die auf der Fläche wirksamen Knotenkräfte werden die Schnittgrößen ermittelt. An jedem Auswerteort und Belastungsschritt wird der Momenten- und Kraftvektor in eine Komponente normal zur Schnittfläche und innerhalb der Schnittfläche in eine Komponente parallel sowie orthogonal zur Federachse zerlegt, s. Abbildung 9.10.

Auf der Schnittfläche beschreiben die Komponenten des Kraftvektors die axial und quer zur Federachse wirksame Querkraft $F_{Q,ax}$ und $F_{Q,quer}$. Die Komponente normal zur Schnittfläche wird durch F_N beschrieben. Die Komponente M_T entspricht dem senkrecht zur Schnittfläche wirksamen Torsionsmoment. Die innerhalb der Schnittfläche liegenden Komponenten $M_{B,ax}$ und $M_{B,quer}$ beschreiben die Biegung des Drahtes axial und quer zur Federachse.

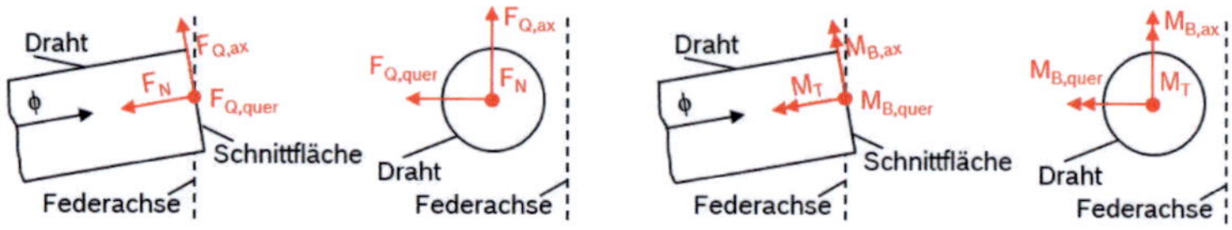

a) b)

Abbildung 9.10: a) Komponenten der Schnittkraft, b) Komponenten des Schnittmomentes

Zur Charakterisierung der Endwindungsbeanspruchung zwischen angschliffener und federnder Windung eignet sich das Torsionsmoment M_T und das Biegemoment quer zur Federachse $M_{B,quer}$. Das Torsionsmoment M_T ruft an der Kontaktstelle eine Schubbeanspruchung und das Biegemoment $M_{B,quer}$ ruft Normalspannungen längs zur Drahtachse hervor. Die neutrale Faser der Komponente $M_{B,ax}$ fällt mit der Kontaktstelle zusammen und hat somit keine Relevanz für den Kontaktbereich. Auf eine Auswertung der Kraftkomponenten wird verzichtet, da die Komponenten vornehmlich aus der Kontaktbeanspruchung resultieren und die Kontaktspannung separat in Kapitel 9.4 ausgewertet wird.

Abbildung 9.11 zeigt den Torsionsmomentenverlauf der abgeglichenen Varianten FV1 bis FV4 am Federanfang (FA) und Federende (FE) für die Federkräfte 200 N bis 1000 N. Deutlich zu erkennen ist, dass die Unterschiede zwischen den Varianten mit zunehmender Federkraft zunehmen. Die Torsionsverläufe der beiden Auswerteorte von Variante FV1 und der Verlauf der Variante FV2 am Federende weisen erhöhte Werte auf. Die Variante FV1 weist im Gegensatz zur Variante FV4 höhere Schnittmomente auf. Bei 1000 N liegt das Torsionsmoment am Federanfang der Kontaktstelle ($\phi_{FA} = 360°$) von Variante FV1 um 38% über dem von Variante FV4. Federn beider Varianten können konstanten Prüfbedingungen zugeordnet werden, im Versuch sind bei der Variante mit erhöhtem Torsionsmoment (FV1) Endwindungsbrüche und bei der Variante mit der reduzierten Torisonsbeanspruchung (FV4) keine Endwindungsbrüche festgestellt worden. Ein Zusammenhang zwischen der Höhe des Torsionsmomentes und der Endwindungsbruchanfälligkeit ist aufzeigbar.

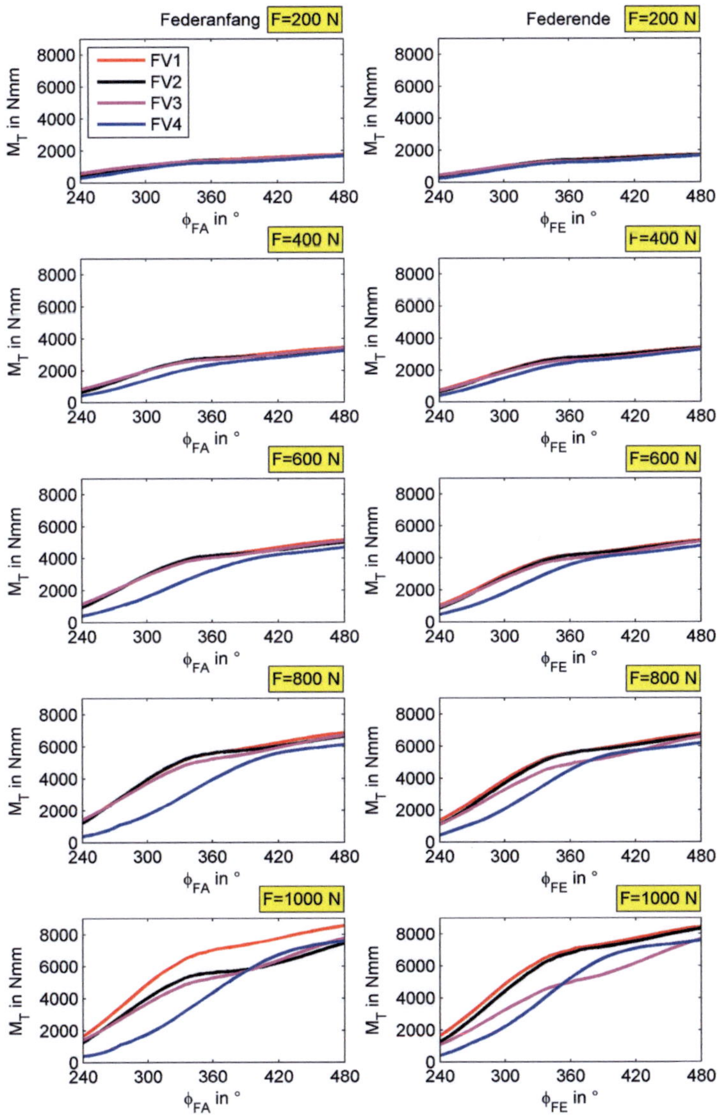

Abbildung 9.11: Torsionsmomentenverlauf der Varianten FV1 bis FV4

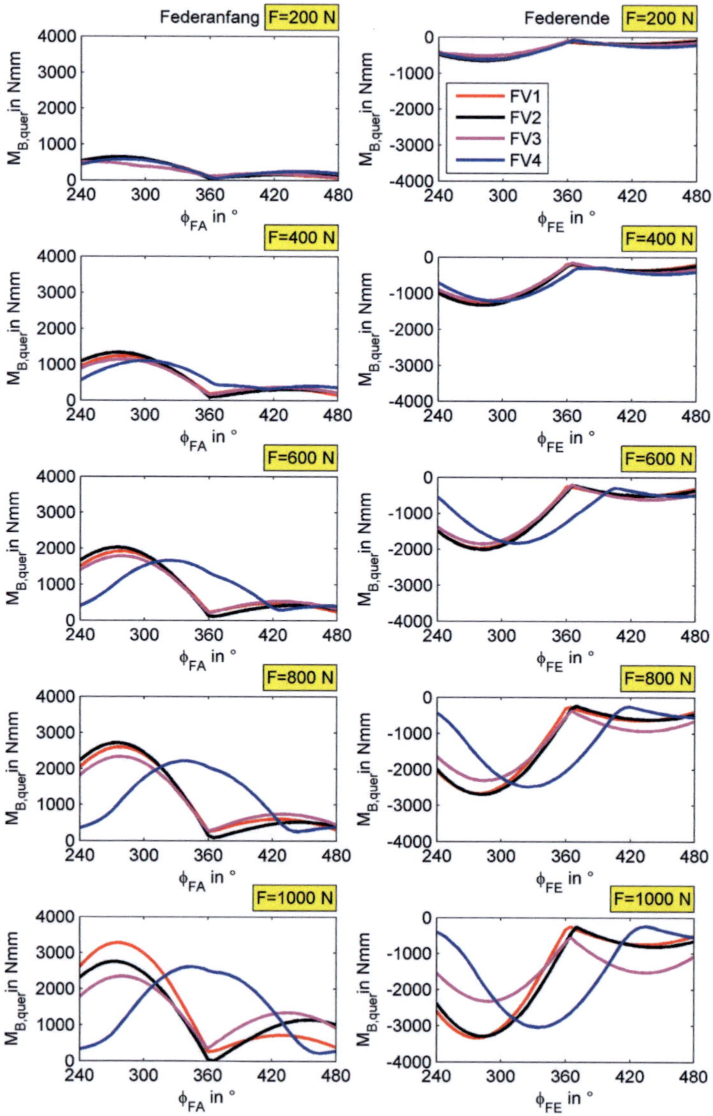

Abbildung 9.12: Biegemomentenverlauf der Varianten FV1 bis FV4

In Abbildung 9.12 ist der Biegemomentenverlauf $M_{B,quer}$ von Variante FV1 bis FV4 am Federanfang und Federende für die fünf Federkräfte aufgetragen. Entsprechend der Definition in Abbildung 9.10 führt ein positives Biegemoment am Federanfang sowie ein negatives Biegemoment am Federende zu Drucknormalspannungen im Kontaktbereich der federnden Windung. Die Varianten FV1 bis FV3 zeigen einen ähnlichen Verlauf, bei allen Varianten stellt sich zwischen 240° und 300° ein betragsmäßig hohes Biegemoment $M_{B,quer}$ ein. Bei einem Winkel von $\phi = 360°$ stellt sich ein betragsmäßiges Minimum ein und zwischen 420° und 480° stellt sich ein betragsmäßiges Maximum ein. Variante FV4 zeigt betragsmäßig ein Maximum zwischen 300° und 360°. Bei allen Varianten führen die auftretenden Biegemomente zu Drucknormalspannungen an der Kontaktstelle. Zusätzlich sind bei Variante FV4 die Drucknormalspannungen zwischen 360° und 420° stärker ausgeprägt.

9.4 Kontaktdruckverteilung

Die Auswertung des Kontaktdrucks p erfolgt ähnlich wie die Bestimmung des Windungsabstandes a_w in Kapitel 9.2. Zunächst wird die Kontaktoberfläche in Winkelinkremente der Größe $\Delta = 0{,}4°$ unterteilt, danach wird für jedes Oberflächeninkrement die Kontaktdruckverteilung bestimmt. Anstelle des minimalen Windungsabstandes wird nun der maximale Kontaktdruck für jedes Inkrement ermittelt und in das Diagramm eingetragen, s. Abbildung 9.13. Abbildung 9.14 zeigt den Kontaktdruckverlauf der Variante FV1 und Variante FV2.

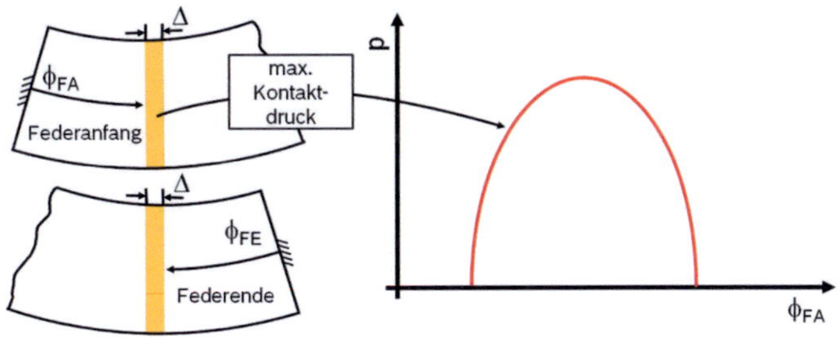

Abbildung 9.13: Extraktion des Kontaktdruckverlaufs

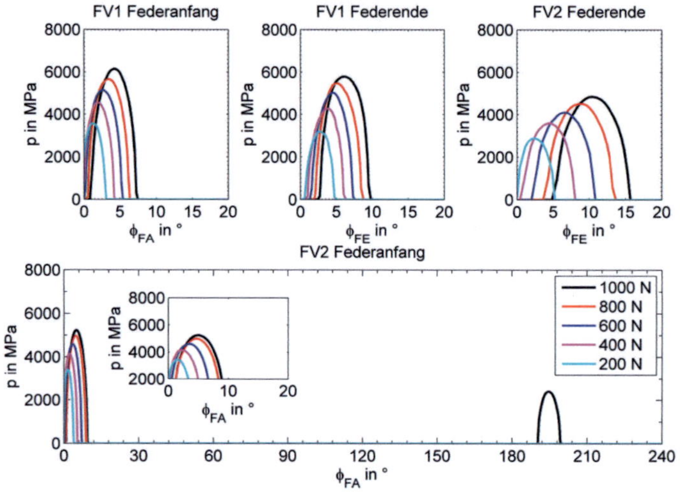

Abbildung 9.14: Kontaktdruckverlauf der Variante FV1 und Variante FV2

Bis auf den Federanfang der Variante FV2 weisen alle übrigen Auswerteorte eine Kontaktstelle auf, wobei mit zunehmender Federkraft der Kontaktdruck ansteigt und der Druckberg zu größeren Winkeln wandert. Bei der Variante FV2 kommt es am Federanfang bei einer Last von 1000 N zur Ausbildung einer zweiten Kontaktstelle. Der Kontaktdruckverlauf der Variante FV3 ist in Abbildung 9.15 dargestellt. Geringe Abweichungen liegen zwischen den Federseiten der Variante FV3 vor, lediglich der maximale Kontaktdruck ist am Federanfang erhöht.

Im Vergleich zu den übrigen Varianten weist der Kontaktdruckverlauf von Variante FV4, s. Abbildung 9.16, ein deutlich stärkeres Abwälzverhalten und geringere Kontaktdrücke auf. Wie in Kapitel 8.5 erläutert kann eine über die Prüfdauer annähernd konstante Endwindungsbeanspruchung lediglich bei den Federn der Variante FV1 und FV4 des ersten Stockes aufgrund konstanter Schmierbedingungen vorausgesetzt werden. Federn, die einer Mangelschmierung unterliegen, erfahren durch den abrasiven Verschleiß eine Abnahme des Drahtdurchmessers und eine Vergrößerung der Kontaktfläche.

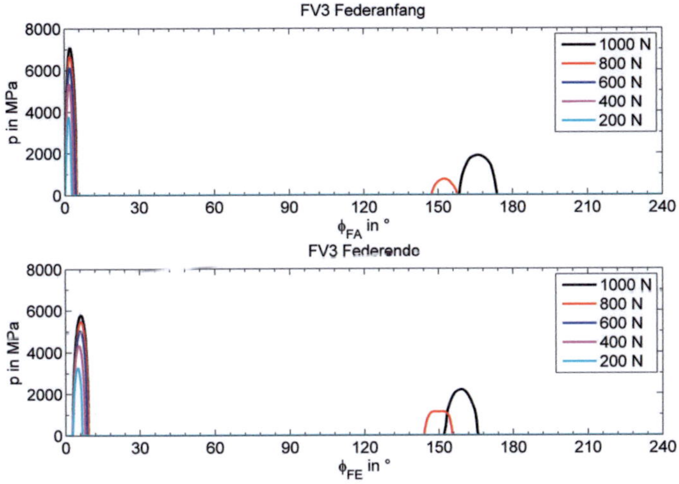

Abbildung 9.15: Kontaktdruckverlauf der Variante FV3

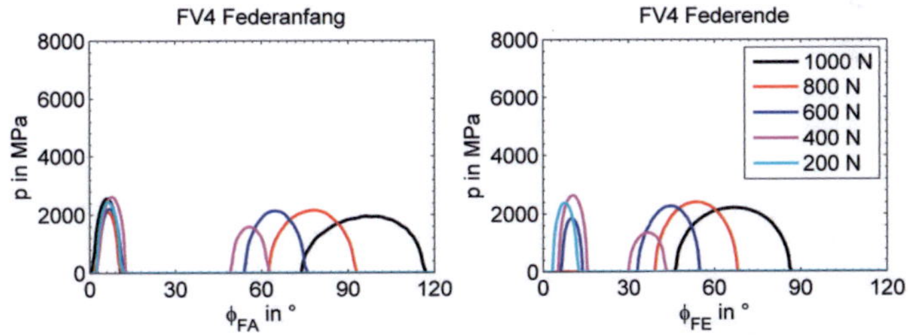

Abbildung 9.16: Kontaktdruckverlauf der Variante FV4

Bei gleichbleibendem Abwälzverhalten führt eine Vergrößerung der Kontaktfläche zu einer zeitlichen Reduktion der Kontaktspannung. Im Versuch sind bei der Variante FV4 keine und bei der Variante FV1 viele Endwindungsbrüche aufgetreten. Die Variante FV1 weist im Gegensatz zur Variante FV4 höhere Kontaktdrücke und somit eine höhere Kontaktbeanspruchung auf. Dies korreliert mit den Erkenntnissen aus der Schnittgrößenauswertung und der Schwingprüfung.

9.5 Umrechung der Schwingversuche in örtliche Beanspruchbarkeiten

Für die Umrechnung der Schwingfestigkeitsergebnisse in örtliche Beanspruchbarkeiten werden die Federversuche nachgerechnet und über einen geeigneten Schadensparameter ein schädigungsrelevanter Wert am Versagensort ermittelt. Da sowohl Federanfang als auch Federende einen potenziellen Versagensort darstellen, werden beide Seiten getrennt voneinander bewertet. Im Endwindungsbereich bewirkt die nichtlineare Kontaktbeanspruchung in Verbindung mit der überlagerten Torsionssbeanspruchung im Allgemeinen einen mehrachsigen nichtproportionalen örtlichen Beanspruchungszustand, was eine Schädigungsbeurteilung zu jedem Lastzeitpunkt erforderlich macht. Nachfolgend werden gängige Schadensparameter zur Kontaktermüdungsbewertung als auch allgemeine Kriterien zur Bewertung eines mehrachsigen nichtproportionalen Beanspruchungszustandes vorgestellt und die Anwendung auf den Endwindungsbruch diskutiert.

Nichtproportionale mehrachsige örtliche Beanspruchungszustände finden sich z.B. auch in den Laufbahnen von Wälzlagern und auf Zahnflanken von Zahnrädern. Für Wälzlager beruhen Zuverlässigkeitsbewertungen auf den Untersuchungen von Lundberg und Palmgren [94, 95], bei der die maximale Orthogonalschubspannung unterhalb der Oberfläche als schädigungsrelevante Spannungskenngröße verwendet wird. Für die Beanspruchungsermittlung der punktförmigen Kontaktdruckverteilung wird die Theorie von Hertz [64] zugrunde gelegt. Standardisierte Vorgehensweisen zur Zuverlässigkeitsbewertung von Wälzlagern können DIN ISO 281 [36], DIN ISO 281 Beiblatt 1 [37], DIN ISO 281 Beiblatt 2 [38], DIN ISO 281 Beiblatt 3 [39] und ISO/TS 16281 [70] entnommen werden.

Die Bewertung der Grübchentragfähigkeit von Zahnrädern ist in DIN 3990 Teil 1 [24] und DIN 3990 Teil 2 [25] geregelt. Als schädigungsrelevante Kenngröße wird die Flankenpressung verwendet, welche auf Basis der Hertz'schen Gleichungen ermittelt wird. Die anzusetzende Beanspruchbarkeit wird vorzugsweise anhand von Wöhlerversuchen mit Standard-Referenz-Prüfrädern abgeleitet und über relative Einflussfaktoren wie z.B. Schmierbedingung, Umfangsgeschwindigkeit, Flankenrauheit, Gegenwerkstoff oder auch Baugröße angepasst. Die Restriktionen des Standard-Referenz-Prüfrades mit den dazugehörigen Standard-Betriebsbedingungen sind in DIN 3990 Teil 5 [26] festgehalten.

Neben den standardisierten Vorgehensweisen zur Bewertung von Wälzlagern und Zahnrädern existieren in der Literatur zahlreiche Vorschläge zur Bewertung eines nichtproportionalen mehrachsigen Beanspruchungszustandes. Die spannungsbasierten Kriterien eignen sich besonders für die Dauer- und Langzeitschwingfestigkeit [125]. Von Simbürger [139] ist die Hypothese der effektiven Schubspannungen entwickelt worden, welche von Zenner [163, 164] bzw. später von Liu und Zenner [92] weiterentwickelt und als Schubspannungsintensitätshypothese bezeichnet wird. Hierbei wird die Vergleichspannung aus dem quadratischen Mittelwert der effektiven Schnittebenen bestimmt. Bei den Konzepten der kritischen Schnittebene wird zunächst die kritische Schnittebene ermittelt und dann anhand der vorliegenden Spannungskomponeneten ein schädigungsrelevanter Kennwert abgeleitet. Kritische Schnittebenenkonzepte sind unter anderem von McDiarmid [102], Nøkleby 81 [111] sowie Papadopoulus [117] entwickelt worden. Von Dang Van [18, 19] ist ein Schädigungsgesetz auf Grundlage eines makro- und mikroskopischen Bewertungsansatzes entwickelt worden.
Eine ausführliche Übersicht über weitere Schädigungsparameter können den Veröffentlichungen von Vormwald [151], Vormwald und Radaj [125], Liu [91], Papadopoulus [118] oder Reich [126, 127] entnommen werden. Aufgrund der Vielzahl zur Verfügung stehender Schadensparameter wird im Rahmen dieser Arbeit eine Auswahl getroffen und nachfolgend näher erläutert.

Nach DIN 3390 Teil 1 [24] stellt die Hertz'sche Pressung ebenso wenig wie die unter der Oberfläche auftrenden Schubspannung die alleinige Ursache für die Grübchenbildung dar, trotzdem hat sich die Hertz'sche Pressung als brauchbares Kriterium zur Bewertung von Stirnrädern etabliert. Vor diesem Hintergrund und der Tatsache, dass für die Bewertung der Kontaktbeanspruchung lediglich konvergente Spannungen an der Kontaktoberfläche vorliegen müssen, wird die Rückrechnung der lokalen Beanspruchbarkeiten zunächst anhand des Kontaktdruckes durchgeführt. Hierzu wird für jeden Oberflächenknoten der Kontaktdruckverlauf während eines Belastungszyklus ermittelt. Anschließend wird über eine Extremwertbestimmung die lokale Kontaktdruckschwingweite Δp abgeleitet. Die über alle Knoten ermittelte höchste Kontaktdruckschwingweite ergibt den schadensrelevanten Wert der betrachteten Federseite. Da es sich beim Kontaktdruck schon um eine skalare Größe handelt, die als FE-Ausgabegröße vorliegt, entfällt eine ressourcenintensive Extraktion des Schadensparameters aus dem Spannungstensor.

Zusätzlich zu der einfachen Oberflächenbewertung über die Kontaktdruckschwingweite wird eine weitere Beurteilung anhand des Schadensparameters nach Dang Van durchgeführt, da diese Vorgehensweise vielfach bei Kontaktproblemen, wie z.B. Kugellagern, Zahnrädern oder Rad-Schiene-Kontakte eingesetzt wird ([6, 9, 18, 20, 21, 89, 141]). Mit dem Ansatz nach Dang Van ist es möglich, Versagen unterhalb der Drahtoberfläche zu bewerten und somit die Schädigung des experimentell beobachteten Bruchausgangsort zutreffender zu beschreiben. Die schädigende Wirkung zyklischer Schubbeanspruchung fließt über die maximale Schubspannung (Tresca-Kriterium [148]) ein. Die schädigungsfördernde bzw. schädigungsmindernde Wirkung einer positiven bzw. negativen Normalspannung wird durch Einbeziehung des hydrostatischen Spannungsanteils berücksichtigt. Die hydrostatische Spannung kann als gemittelte Normalspannung interpretiert werden und lässt sich einfach berechnen, da es sich um eine Invariante des Spannungstensors handelt [19].

Die Grundlage für die Schädigungsbewertung nach Dang Van [18, 19] bildet die Differenzierung zwischen einer mikroskopischen und einer makroskopischen Skalenebene. Die makroskopische Skalenebene befindet sich in der Größenordnung von finiten Elementen, d.h. Spannungs- und Verzerrungstensor sind über ein makroskopisches Volumenelement konstant. Innerhalb dieses repräsentativen Volumenelementes, im Bereich der Korngröße, befindet sich die mikroskopische Skalenebene. Die Schädigungsbewertung nach Dang Van ist für eine einstufige Belastung im Bereich der Langzeit- bzw. Dauerfestigkeit abgeleitet worden, was die Annahme eines makroskopischen elastischen Spannungszustandes rechtfertigt [9]. Die Schädigungsbewertung erfolgt nicht wie sonst üblich auf Basis eines makroskopischen Spannungszustandes, sondern anhand einer mikroskopischen Bewertung, welcher unter Zugrundelegung eines zyklisch stabilisierten elastischen Beanspruchungszustandes (elastic shakedown) ermittelt wird. Der einzelnen Berechnungsschritte sind in [19] aufgeführt und in kommerzielle Bewertungsprogramme, z.B. [61], implementiert. Als Versagenskriterium wird von Dang Van der Zusammenhang

$$\tau_{DV}(t) + a_{DV}p_h(t) - b_{DV} = 0 \tag{9.3}$$

postuliert. Die mikroskopische Schubspannung τ_{DV} wird anhand des Tresca-Kriteriums bestimmt. Der hydrostatische Spannungszustand p_h wird über

$$p_h = \frac{1}{3}\sigma_{ii} \tag{9.4}$$

berechnet. Bei a_{DV} und b_{DV} handelt es sich um Konstanten, die im Allgemeinen aus Wöhlerversuchen ermittelt werden. Versagen tritt ein, wenn der zyklisch wiederkehrende Belastungspfad die Grenzlinie berührt oder überschreitet, s. Abbildung 9.17. Die Konstante b_{DV} entspricht der Torsionswechselfestigkeit τ_W und über eine zu-

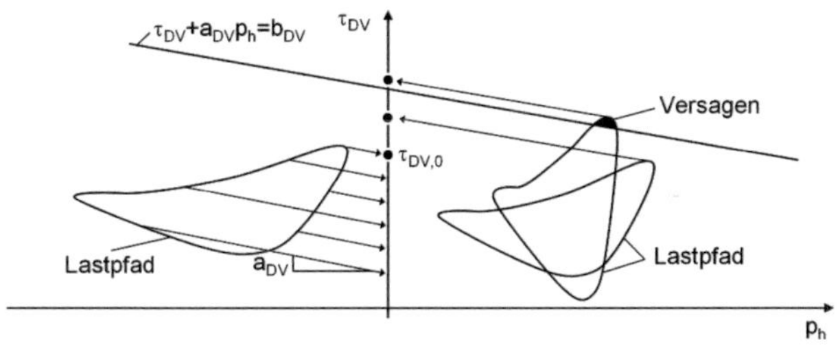

Abbildung 9.17: Schematische Darstellung des Schädigungskonzeptes nach Dang Van

sätzliche Zugdruckwechsel- oder Biegewechselprüfung kann die zweite Konstante a_{DV} anhand

$$a_{DV} = 3\left(\frac{\tau_W}{\sigma_W} - \frac{1}{2}\right) \tag{9.5}$$

bestimmt werden [21]. Da die Ableitung einer Bemessungskennlinie anhand der Federschwingprüfung erfolgt, wird für die Umrechnung der Schwingfestigkeitsergebnisse in lokale Beanspruchbarkeiten lediglich die Konstante a_{DV} benötigt. Die Konstante a_{DV} wird über das Verhältnis zwischen Schub- und Zugdruckwechselfestigkeit berechnet, welches nach der Gestaltänderungsenergiehypothese $1/\sqrt{3}$ beträgt [45]. Um den Wert der maximalen Schädigung eines Knotens zu erhalten, werden zunächst die Punkte des Lastpfades über die Steigung a_{DV} auf die Ordinatenachse transformiert und daraus dann der Höchstwert $\tau_{DV,0}$ ermittelt, s. Abbildung 9.17. Der Knoten maximaler Schädigung beschreibt die Beanspruchbarkeit des Versagensortes und die

Knotenkoordinaten geben Aufschluss über den prognostizierten Bruchausgangsort. Die Umsetzung erfolgt mit dem Berechnungstool nCode Design Life 12.

Die Verschleißanalyse der Federn in Kapitel 8.4 hat gezeigt, dass sich aufgrund der Maschinenkonstruktion nicht nur eine stockwerkabhängige, sondern auch eine stellplatzabhängige Schmierung einstellt, was zu unterschiedlichen Verschleißausbildungen an den Endwindungen führt. Abrasiver Verschleiß führt im Endwindungsbereich zu einer Vergrößerung der Kontaktfläche quer zur Drahtachse und kann eine Änderung des Anlageverhaltens längs der Drahtachse bewirken. Die durch den abrasiven Verschleiß bedingte schwingspielzahlabhängige Änderung des Kontaktverhaltens ruft in der Regel eine zyklisch veränderliche örtliche Beanspruchung hervor. Bei zyklisch gleichbleibender Federkraft und unverändertem Abwälzverhalten hat eine Vergrößerung der Kontaktfläche eine Reduzierung der örtlichen Kontaktbeanspruchung zur Folge. Untersuchungen zur Kontaktermüdungsbewertung von Maschinenbauteilen wie z.B. Zahnrädern oder Wälzlagern haben gezeigt, dass es im kontrolliert geschmierten Zustand möglich ist, zufriedenstellende Ergebnisse durch eine örtliche Bewertung ohne Berücksichtigung des abrasiven Verschleißes zu erzielen, s. z.B. [88]. Da bei der FE-Modellbildung, aufgrund der in Kapitel 9.1 diskutierten Gründe, auf eine Berücksichtigung des abrasiven Verschleißes verzichtet worden ist und teilweise bei Federn ein ausgeprägter abrasiver Verschleiß mit merklicher Reduzierung des Drahtquerschnittes festgestellt worden ist, werden die umgerechneten Beanspruchbarkeiten nicht uneingeschränkt auf die Ableitung einer Bemessungskennlinie übertragen.

Federpopulationen mit einheitlichem Verschleißbild stellen die Federn der Variante FV1 des ersten Stockes und die Federn der Variante FV4 desselben Stockes dar, s. Abbildung 8.14. Die Federstellplätze von Variante FV1 befinden sich an der Außenseite der ersten Prüfmaschine und die Federstellplätze von Variante FV4 an der Außenseite der zweiten Prüfmaschine s. Abbildung A.12 und Abbildung A.13. Da innerhalb der beiden Populationen ein einheitliches Verschleißbild vorliegt, sie auf den gleichen Federstellplätzen an zwei baugleichen Prüfmaschinen und zeitgleich geprüft worden sind, erscheint die Unterstellung konstanter und gleicher Prüfbedingungen zulässig und somit für eine gemeinsame statistische Bewertung geeignet. Die statistische Auswertung dieser Stichprobendefinition ist für den Schadensparameter nach Dang Van in Abbildung 9.18 dargestellt. Die Auswertung erfolgt nach dem

Maxmimum-Likelihood-Verfahren. Unter Annahme einer logarithmischen Normalverteilung und unter Verwendung der Basquin-Gleichung [5] werden die Mittellage und Standardabweichung in Lebensdauerrichtung sowie die Neigung der Wöhlerlinie bestimmt, s. Kapitel 8.5. Die Streuspanne in Spannungsrichtung beträgt $1/T_S = 2,46$

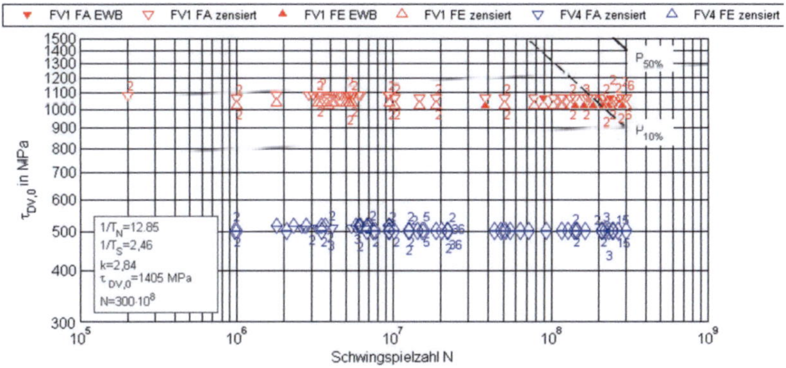

Abbildung 9.18: Örtliche Schädigungsbewertung unter Berücksichtigung konstanter Prüfbedingungen und unter Verwendung des Schadensparameters nach Dang Van

und auch die Neigung mit $k = 2,84$ liegt außerhalb der für ermüdungsbeanspruchte Bauteile gängigen Werte. Als Erfahrungswerte zur Bewertung der Streuung werden von Haibach in [58] Streuspannen zwischen $1/T_S = 1,1$ und $1/T_S = 1,45$ und eine Wöhlerlinienneigung zwischen $k = 3$ und $k = 6$ angegeben. Die im Vergleich zur Bruchanzahl hohe Anzahl an zensierten Informationen hat zur Folge, dass die 50%-Linie außerhalb der Prüfergebnisse liegt. Die Extrapolation der 50%-Linie und die für Schwingfestigkeitsversuche unüblich hohe Streuspanne weisen darauf hin, dass die statistische Modellbildung mit einer hohen Unsicherheit behaftet ist.

Eine zweite mögliche Abgrenzung stellt die Beschränkung der statistischen Auswertung auf Federn mit dem Ereignismerkmal Endwindungsbruch dar. Die Auswertung ist in Abbildung 9.19 dargestellt. Diese Vorgehensweise wird z.B. beim Perlenschnurverfahren [100] angewendet. Die Abschätzung der Grundgesamtheit erfolgt über die Maxmimum-Likelihood-Verfahren, einer logarithmierten Normalverteilung und über die Basquin Gleichung. Endwindungsbrüche im VHCF-Bereich ereignen sich in beiden Stockwerken von Variante FV1 und im ersten Stock der Variante FV2. Bei allen VHCF-Endwindungsbrüchen hat sich eine geringe Scheuerspur eingestellt, was die Annahme einer konstanten Beanspruchung begründet. Die Streuspanne in Spannungsrichtung beträgt $1/T_S = 1,98$ und die Neigung $k = 2,23$. Auch hier liegen die statistischen Kennwerte außerhalb der üblichen Werte und erscheinen nicht belastbar.

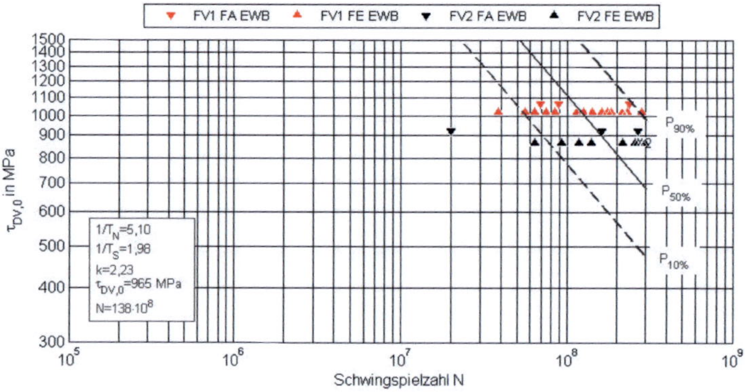

Abbildung 9.19: Örtliche Schädigungsbewertung nur Endwindungsbrüche unter Verwendung des Schadensparamaters nach Dang Van

Die Auswertung unter Berücksichtigung der Endwindungsbrüche ergibt eine niedrigere Mittellage, eine kleinere Streuspanne und einen höheren Schwingfestigkeitsabfall als die statistische Auswertung unter Berücksichtigung konstanter Prüfbedingungen. Beide Stichprobenumfänge ergeben unterschiedliche Ergebnisse, so unterscheiden sich die 50%-Linien in Spannungsrichtung um den Faktor zwei voneinander. Zusätzlich weichen die statistischen Kennwerte deutlich von den Erfahrungswerten für schwingbeanspruchte Bauteile ab, s. [2, 58]. Mit einem höherwertigen Verteilungsgesetz, z.B. Weibullverteilung, welches mehr Freiparameter besitzt, kann nicht nur die Mittellage, Streuung sondern auch die Schiefe der Verteilung beeinflusst werden, allerdings führt dieser zusätzliche Parameter bei geringem Stichprobenumfang zu erhöhten Unsicherheiten [58]. Aufgrund der Anzahl und Lage der Versuchsergebnisse wird auf eine Variation des Verteilungsgesetzes verzichtet.

In Abbildung A.27 und Abbildung A.28 ist die statistische Bewertung anhand der Kontaktdruckschwingweite aufgetragen, die statistischen Kennwerte ergeben ähnlich unübliche Werte wie bei der Schädigungsbewertung nach Dang Van. Aufgrund der vorhandenen Versuchsergebnisse und den getroffenen Annahmen stellt sich kein repräsentatives Bild der Grundgesamtheit ein. Da die statistischen Auswertungen mit den vorhandenen Daten nicht belastbar sind, sich beim hohen Lastniveau aufgrund der konkurrierenden Versagensorte lediglich zensierte Informationen beim Ereignismerkmal Endwindungsbruch ergeben haben und praktische Umstände eine weiterführende Prüfung im VHCF-Bereich erschweren, erfolgt die Ableitung von Grenzwerten anhand von Trendgebieten. Die Grenzkurve ab der Endwindungsbrüche auftreten wird über die lokalen Beanspruchbarkeiten der Endwindungsbrüche abgeleitet und die Grenzkurve bis zu der keine Endwindungsbrüche auftreten wird über die endwindungsbruchfreien Federn bestimmt, welche geschmierten Prüfbedingungen unterliegen. Das Trendgebiet ab dem mit Endwindungsbrüchen zu rechnen ist, wird über die minimalen lokalen Beanspruchbarkeiten der Endwindungsbrüche nach unten abgegrenzt. Die Grenze bis zu der keine Endwindungsbrüche zu erwarten sind, wird über die maximale Beanspruchbarkeit der Federn von Variante FV4 abgeleitet, die über den Schwingspielzahlbereich von 0 bis $300 \cdot 10^6$ Zyklen keinen Endwindungsbruch aufweisen.

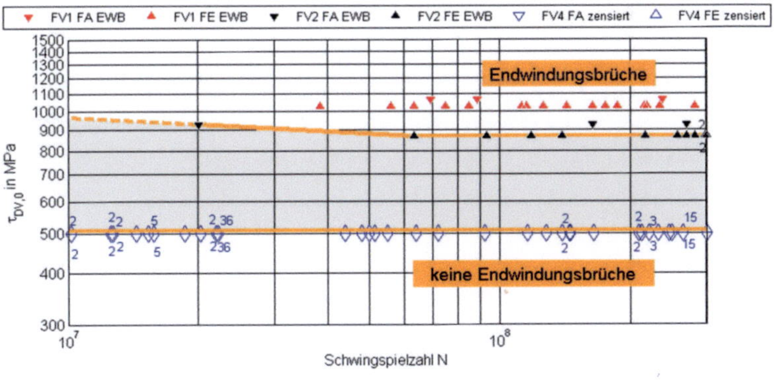

Abbildung 9.20: Örtliche Schädigungsbewertung anhand des Schadensparamaters nach Dang Van mit Trendgebieten

Abbildung 9.20 zeigt die Trendgebiete anhand des Schadensparameters nach Dang Van und Abbildung 9.21 die Auswertung anhand der lokalen Kontaktdruckschwingweite. Da sich die Endwindungsbrüche in Lebensdauerrichtung aufgrund der Streuung nicht sonderlich separieren, kann die Differenz der lokalen Beanspruchbarkeiten (FV1 und FV2) zur Bewertung des Schadensparameters herangezogen werden. Bezieht man die Differenz der lokalen Beanspruchbarkeiten von den Endwindungsbrüchen auf die untere Grenze für Endwindungsbrüche, dann stellt sich bei der Kontaktdruckschwing-

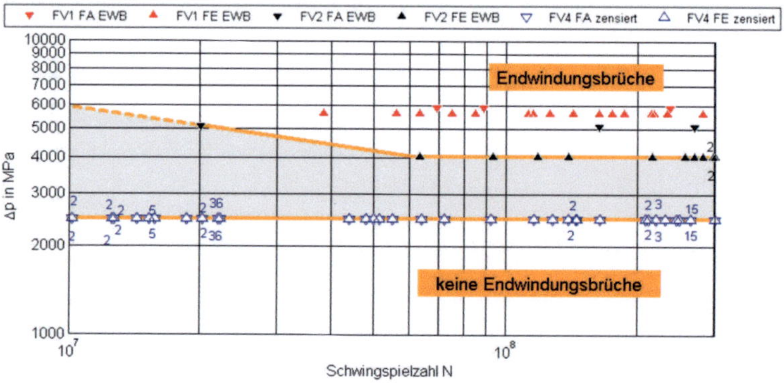

Abbildung 9.21: Örtliche Schädigungsbewertung anhand der Kontaktdruckschwingweite mit Trendgebieten

weite eine Differenz von 47% ein und beim Schadensparameter nach Dang Van stellt sich ein Unterschied von 23% ein. Die Auswertung mit dem Schadensparameter nach Dang ergibt eine geringere Abweichung, was auf eine bessere Aussagegüte schließen lässt.

Abbildung 9.22 zeigt die Spannungsverteilung $\tau_{DV,0}$ quer zum Federdraht der ersten federnden Windung am Federende von Variante FV1. Der Ort maximaler Schädigung und somit der prognostizierte Bruchausgang liegt bei den nachgerechneten Endwindungsbrüchen zwischen 60 µm und 70 µm unterhalb der Kontaktoberfläche, somit leicht oberhalb des tatsächlichen Bruchausgangsortes, welcher bei der Schadensanalyse zwischen 90 µm und 210 µm detektiert worden ist, s. Kapitel 8.3.

In Anbetracht der vorgenommenen Modellvereinfachungen, wie z.B. die Annahme eines linear elastischen Materialverhaltens oder durch die Betrachtung ideal glatter Oberflächen, wird eine hinreichende Übereinstimmung zwischen prognostiziertem und tatsächlichem Bruchausgangsort erzielt.

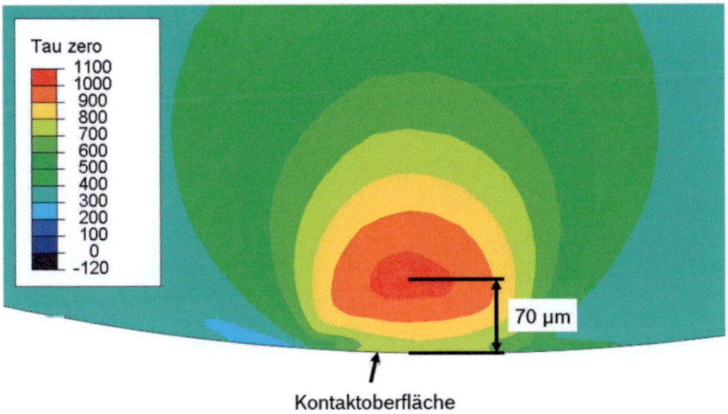

Abbildung 9.22: Spannungsverteilung $\tau_{DV,0}$ in der Schnittfläche quer zum Federdraht der ersten federnden Windung von Variante FV1 am Federende

9.6 Zusammenfassung numerische Beanspruchungsanalyse

Der Modellabgleich zeigt, dass eine iterative Anpassung der Federspurhöhe im allgemeinen erforderlich ist. Des Weiteren werden die wesentlichen Beanspruchungskomponenten in Form des Kontaktdruck-, des Torsions- und des Biegemomentverlaufes entlang der Drahtachse als auch die Auswirkungen bei unterschiedlichen Federkräften für die Federvarianten aufgezeigt und diskutiert. Die Umrechnung der Schwingversuche in örtliche Beanspruchbarkeiten verdeutlicht, dass sowohl die Bemessung auf Grundlage der Kontaktdruckschwingweite als auch die Auswertung mit dem Schadensparameters nach Dang Van zur Bewertung von Endwindungsbrüchen durch Kontaktermüdung im VHCF-Bereich eignen. Der Vergleich der Schadensparameter zeigt, dass mit dem Ansatz von Dang Van der Bruchausgangsort zutreffender prognostiziert wird und die geringere Spannungsdifferenz bei den umgerechneten Endwindungsbrüchen auf eine höhere Aussagegüte schließen lässt. Der Vorteil der Bewertung anhand der Kontaktdruckschwingweite liegt in der verminderten Ressourcenaufwendung.

Kapitel 10

Numerische Untersuchung geometrischer Einflussgrößen

Wie im vorherigen Kapitel aufgezeigt, muss für einen erfolgreichen Abgleich des Anlageverhaltens der Höhenverlauf von der Federspur iterativ angepasst werden, da mit den vorhandenen Messmethoden die Endwindungsgeometrie, insbesondere die Federhöhe, nicht mit der erforderlichen Genauigkeit erfasst werden kann. Der Fokus dieses Kapitels besteht darin, weitere geometrische Einflüsse auf die Endwindungsbeanspruchung zu untersuchen und hinsichtlich ihrer Sensitivität zu beurteilen.
Für die Parametervariation wird als Referenz die Variante FV4 gewählt und die Auswertung erfolgt am Federanfang. Diese Variante weist große Schwankungen im Abwälzverhalten auf und eignet sich somit bevorzugt für eine Sensitivitätsanalyse. Ausgehend von der Referenzgeometrie werden der Schleifwinkel, die Gesamtwindungsanzahl, der Draht- und Federdurchmessers variiert, s. Abbildung 10.1. Die Werte der

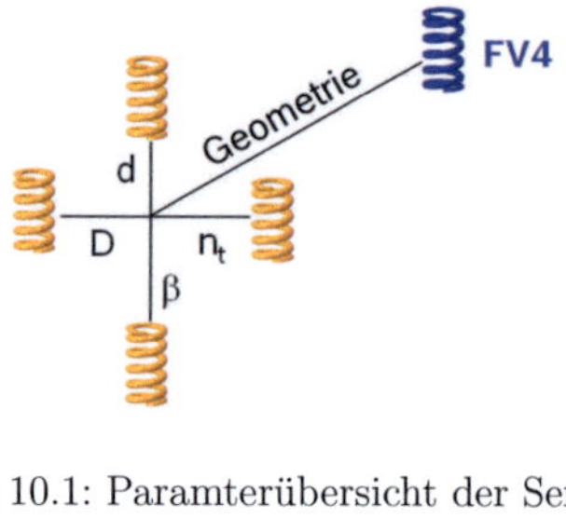

Abbildung 10.1: Paramterübersicht der Sensitivitätsanalyse

Parameter werden so gewählt, dass es der Einfluss kleiner als auch größerer Parameterschwankungen aufgezeigt werden können. Des Weiteren wird darauf geachtet, dass die Werte keine Selbstdurchdringung zwischen angeschliffener und erster federnder Windung hervorrufen.

Änderungen im Systemverhalten der Feder machen sich zuerst im Kontaktbereich bemerkbar, aus diesem Grund wird die Auswertung an der Kontaktstelle einer integralen Schnittgrößenauswertung entlang der Federspur vorgezogen. Da sich die Spannungs-Verzerrungs-Beziehung über das konstitutive Materialverhalten und der infinitesimale Verzerrungstensor aus partieller Differentiation der Verschiebungskomponenten bestimmt, besitzen Kontaktspannungen eine deutlich höhere Sensitivität als der Windungsabstand. Aus diesem Grund wird für die Untersuchung der maximale Kontaktdruck entlang der Drahtachse ausgewertet. Die Vorgehensweise zur Extraktion des Kontaktdruckverlaufs kann Kapitel 9.4 entnommen werden. Um den nichtlinearen Zusammenhang zwischen äußerer Kraft und Abwälzverhalten abzubilden, wird der Kontaktdruckverlauf in Schritten von 200 N zwischen 200 N und 1000 N ermittelt.

10.1 Einfluss Schleifwinkel

Der Einfluss eines variierenden Schleifwinkels auf die Kontaktdruckverteilung ist Abbildung 10.2 und Abbildung A.32 zu entnehmen. Die Änderung des Anschliffwinkels beträgt $\beta_{Ref}\pm30°$. Der Referenzwinkel liegt bei $\beta_{Ref} = 300°$, damit liegt die untersuchte Streuung innerhalb der nach DIN EN 15800 [33] zulässigen Toleranz. Bei einer Last von 400 N zeigen sich Unterschiede zwischen den einzelnen Modellen.

Ein vergrößerter Anschliffwinkel bewirkt an der ersten Kontaktstelle eine verringerte und an der zweiten Kontaktstelle eine erhöhte Kontaktdruckspitze. Mit zunehmender Belastung setzt sich diese Kontaktkraftumlagerung fort, bis bei einer Last von 800 N die gesamte Kontaktkraft von der Kontaktstelle im Bereich zwischen 60° und 95° aufgenommen wird. Wiederum zwei Kontaktstellen ergeben sich bei 1000 N. Eine Reduktion des Anschliffwinkels ruft deutlich geringere Änderungen in der Kontaktdruckverteilung hervor. Bei einer Last von 1000 N stellt sich der höchste Unterschied an der ersten Kontaktstelle, mit einer Differenz von ca. 500 MPa, ein.

Da Schleifwinkel und Drahtendendicke nicht unabhängig voneinander sind, führt eine Verringerung des Anschliffwinkels zu einer Zunahme der Drahtendendicke. Bezieht man die Drahtendendicke auf den Drahtdurchmesser, dann führt eine Verringerung des Anschliffwinkels zu einer Vergrößerung der bezogenen Drahtendendicke von 0,27 auf 0,38. Die Vergrößerung des Anschliffwinkels bewirkt eine bezogene Drahtendendicke von 0,12, was außerhalb üblicher Werte [129] liegt.

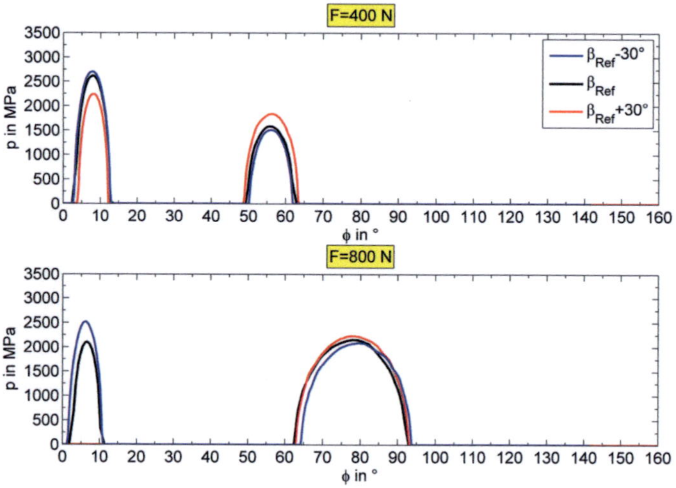

Abbildung 10.2: Einfluss unterschiedlicher Anschliffwinkel auf den Kontaktspannungsverlauf bei einer Federkraft von 400 N und 800 N

10.2 Einfluss Gesamtwindungsanzahl

Die Abbildung 10.3 und die Abbildung A.31 zeigen den Einfluss der Gesamtwindungsanzahl auf die Kontaktbeanspruchung. Für die FE-Modelle werden im mittleren Bereich Windungsabschnitte mit konstantem Höhenverlauf hinzugefügt oder entsprechend entfernt. Bei gleicher Totwindungszahl ist die Gesamtwindungsanzahl umgekehrt proportional zur Federrate. Die Referenzwindungsanzahl beträgt $n_{Ref} = 6,4$ Windungen. Geringfügige Änderungen in den Kontaktspannungen ergeben sich bei einer Windungsanzahl von $n_{Ref} \pm 0,1$ Windungen. Größere Unterschiede stellen sich beim Hinzufügen bzw. Entfall einer halben Windung ein. Das Modell mit einer um 0,5

Windungen reduzierten Gesamtwindungssanzahl liefert annähernd gleiche Ergebnisse wie das Modell mit einer um 0,5 Windungen vergrößerten Gesamtwindungsanzahl. Das deutet daraufhin, dass die Gangstellung, die Ausrichtung der Endwindungen zueinander, einen größeren Einfluss auf das Anlageverhalten hat als die mit der Windungsänderung einhergehende Steifigkeitszunahme bzw. -abnahme.

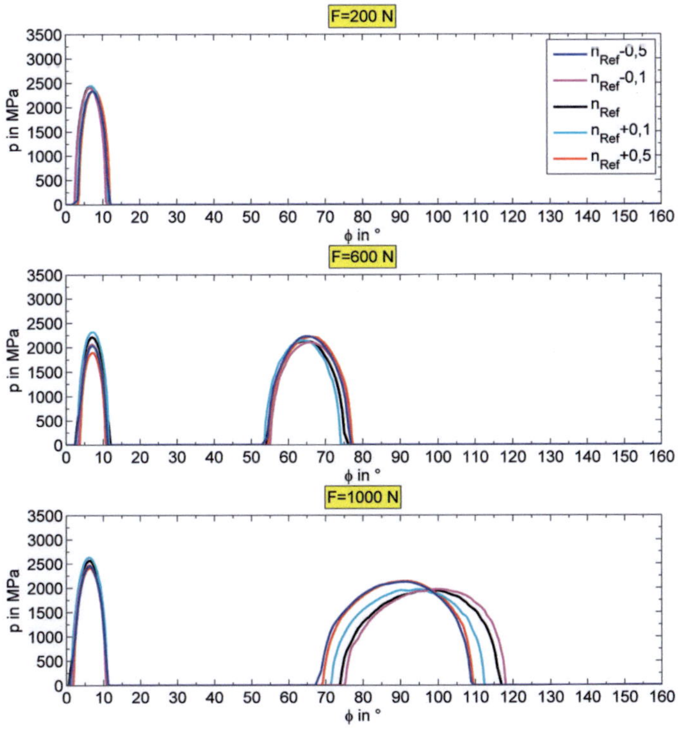

Abbildung 10.3: Einfluss unterschiedlicher Gesamtwindungsanzahlen auf den Kontaktspannungsverlauf bei einer Federkraft von 200 N, 600 N und 1000 N

10.3 Einfluss Drahtdurchmesser

Da eine Vergrößerung des Drahtdurchmessers bei gleichbleibender Federspur eine Selbstdurchdringung der Kontaktoberflächen zur Folge hat, wird der Ausgangsdurchmesser von d_{Ref} =3,48 mm um 0,02 mm bzw. 0,1 mm reduziert. Die Kontaktdruckverteilungen sind in Abbildung 10.4 und Abbildung A.29 aufgetragen. Eine Reduzierung

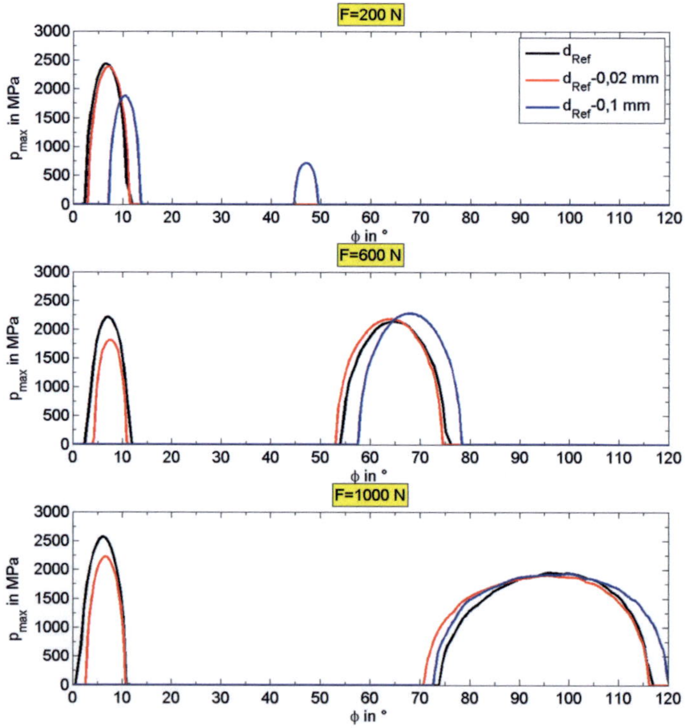

Abbildung 10.4: Einfluss unterschiedlicher Drahtdurchmesser auf den Kontaktspannungsverlauf bei einer Federkraft von 200 N, 600 N und 1000 N

des Drahtdurchmessers hat neben einer Vergrößerung des Windungsabstandes im unbelastetem Zustand auch eine Reduktion der Federsteifigkeit zur Folge. Entsprechend Gleichung 2.2 liegt ein proportionaler Zusammenhang zwischen Federrate und der vierten Potenz des Drahtdurchmessers ($R \sim d^4$) vor. Eine Änderung von 0,02 mm liegt innerhalb der Toleranzangaben des Drahtherstellers [145] und wirkt sich geringfügig auf den Kontaktdruckverlauf aus. Die größte Abweichung beträgt ca. 500 MPa. Deutlich größere Unterschiede ergeben sich bei einer Reduzierung des Drahtdurchmesser um 0,1 mm. In diesem Fall bilden sich bei 200 N zwei Kontaktstellen und bei erhöhten Federkräften bildet sich eine Kontaktstelle mit starkem Abwälzverhalten aus.

10.4 Einfluss Federdurchmesser

Die Kontaktdruckverteilung bei Variation des Federdurchmessers ist in Abbildung A.30 und in Abbildung 10.5 vorzufinden. Die Änderung des Drahtdurchmesser erfolgt zwischen D_{Ref}±0,5 mm in Schritten von 0,25 mm. Bei der Wahl der Federdurchmes-

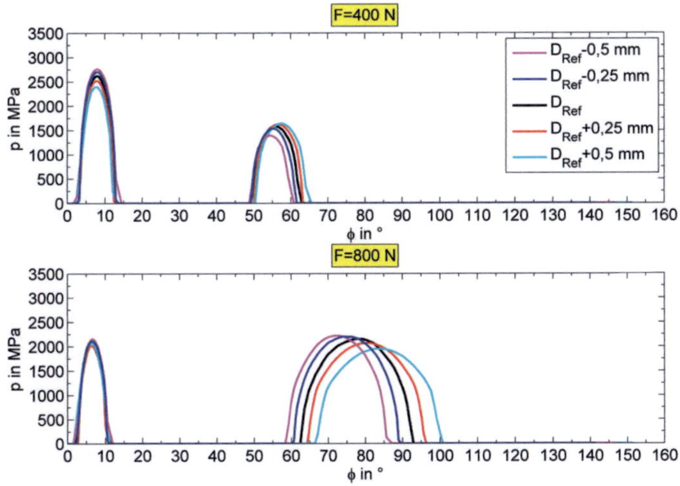

Abbildung 10.5: Einfluss unterschiedlicher Federdurchmesser auf den Kontaktspannungsverlauf am Federanfang der Federvariante FV4 bei einer Federkraft von 400 N und 800 N

ser wurde darauf geachtet, dass eine Änderung des Federdurchmessers keine Selbstdurchdringung der Federgeometrie zur Folge hat. Der Referenzdurchmesser beträgt D_{Ref} =15,5 mm. Mit zunehmender Einfederung bildet sich der Einfluss unterschiedlicher Federdurchmesser dahingegend aus, dass sich an der zweiten Kontaktstelle bei größerem Durchmesser ein größerer und bei kleinerem Durchmesser ein kleinerer Kontaktwinkel ausbildet. An der ersten Kontaktstelle beträgt die maximale Abweichung der Kontaktdruckspitze ca. 500 MPa. Nach Gleichung 2.2 ergibt sich der Zusammenhang zwischen Federrate und Federdurchmesser zu $R \sim D^{-3}$. Eine Vergrößerung des Federdurchmessers führt zu einem nachgiebigeren Federverhalten, was sich im Anlageverhalten durch tendenziell vergrößerte Kontaktwinkel zeigt.

10.5 Zusammenfassung Parametervariation

An einer ausgewählten Federgeometrie wird der Einfluss unterschiedlicher geometrischer Federkenngrößen auf die Kontaktdruckverteilung untersucht. Im Rahmen der üblichen Fertigungstoleranzen ruft die Variation des Drahtdurchmessers, der Gesamtwindungsanzahl, des Federdurchmessers Änderungen im Kontaktdruckverlauf von etwa 500 MPa hervor. Bei der Variation des Schleifwinkels werden größere Abweichungen lediglich bei fertigungsunüblichen Drahtendendicken festgestellt. Die Änderungen im Anlageverhalten fallen geringer aus als die Unterschiede welche über eine Modifizierung der Federspurhöhe erreicht werden.

Kapitel 11

Vorschlag zur Auslegung und Bewertung der Endwindungsgeometrie bei erhöhter Schwingspielzahl

Bei einer von außen auf ein Bauteil wirkenden Belastung kann das Versagen durch eine Veränderung der lokalen Beanspruchung und bzw. oder durch eine Veränderung der lokalen Beanspruchbarkeit beeinflusst werden. Eine Steigerung der örtlichen Beanspruchbarkeit als auch eine Minderung der örtlichen Beanspruchung verringert die Versagensanfälligkeit, wohingegen eine Reduzierung der Beanspruchbarkeit sowie eine Erhöhung der Beanspruchung die Versagensanfälligkeit erhöhen.

Die Beanspruchung im Endwindungsbereich von Schraubendruckfedern hängt maßgeblich von dem zeitlich als auch örtlich nichtlinearen Verlauf der Torsions- und Kontaktbeanspruchung ab, welche besonders durch die Federgeometrie, die Anregungsfrequenz und die Federkräfte beeinflusst werden. Da die Schädigung primär durch Kontaktermüdung induziert wird, bietet sich eine gezielte Beeinflussung der Kontaktbeanspruchung an. Zum Beispiel könnte durch einen zeitlich begrenzten Einscheuervorgang die Kontaktbeanspruchung reduziert werden. Hierfür müsste ein kontrollierter abrasiver Verschleiß eingestellt werden, der gezielt die Kontaktfläche vergrößert und damit die Kontaktbeanspruchung reduziert.

Im Endwindungsbereich einer Feder wird die Beanspruchbarkeit von dem Ausgangsmaterial, der Wärmebehandlung, der Oberflächenbeschaffenheit, den Umgebungsbedingungen und den vorliegenden Eigenspannungen beeinflusst. Wird die Oberfläche im Endwindungsbereich einem Kugelstrahlvorgang unterzogen, dann werden die Oberflächen verfestigt und es werden Druckeigenspannungen in den Werkstoff eingebracht, was eine Erhöhung der örtlichen Beanspruchbarkeit zur Folge hat. Hierfür muss ein hinreichender Spalt zwischen angeschliffener und erster federnder Windung vorgesehen werden. Der Nachteil von abstehenden Endwindungen liegt in der Vergrößerung des Bauraumvolumens und der oftmals ungünstigen Kraftausleitung an den Federseiten.

Fertigungstechnisch einfacher ist die gezielte Beeinflussung der Endwindungsgeometrie zur Generierung einer großflächigen Anlagefläche zwischen angeschliffener und erster federnder Windung. Eine gute ausgelegte Endwindungsgeometrie zeichnet sich durch große Kontaktwinkel zwischen angeschliffener und erster federnder Windung im geforderten Arbeitsbereich der Feder aus. In Abbildung 11.1 ist ein Vorschlag zur Ableitung und Bewertung von neuen Endwindungsgeometrien aufgeführt.

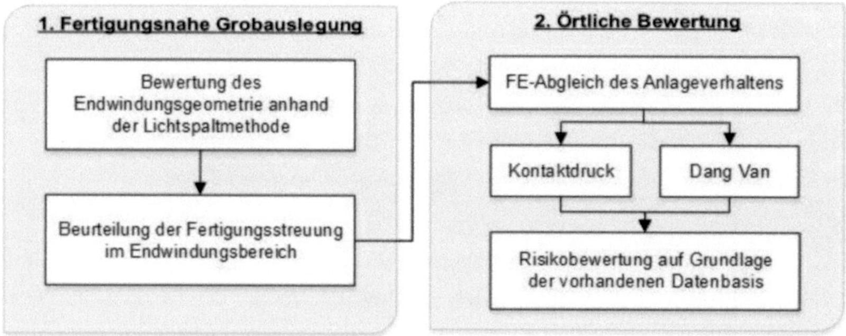

Abbildung 11.1: Vorschlag zur Auslegung neuer Endwindungsgeometrien im VHCF-Bereich

Im ersten Schritt befasst sich der Vorschlag mit der Auslegung der Endwindungsgeometrie während des Fertigungsprozesses, danach erfolgt über eine numerische Beanspruchungsanalyse die örtliche Bemessung. Zur fertigungsnahen Beurteilung der

Endwindungsgeometrie wird die Kontaktbeanspruchung in Abhängigkeit der Torsionsbeanspruchung ausgewertet. Trägt man von den untersuchten Federvarianten die Summe der Kontaktwinkel einer Federseite in Abhängigkeit der Torsionsbeanspruchung auf, dann lassen sich auf Grundlage der Schwingfestigkeitsergebnisse wiederum Trendgebiete ableiten, s. Abbildung 11.2. Zur Beschreibung der Torsionsbeanspru-

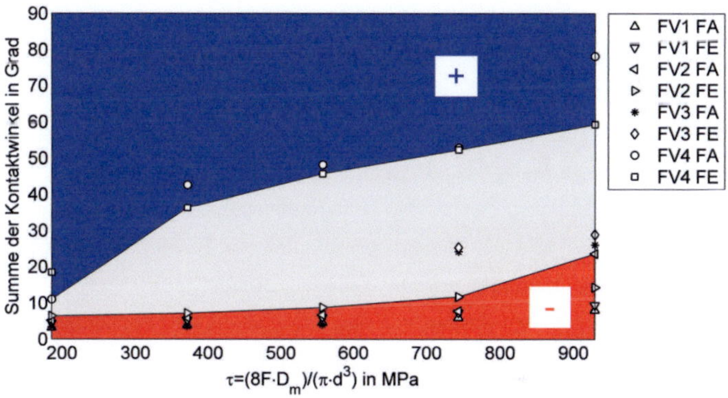

Abbildung 11.2: Empirische abgeleitete Trendgebiete zur fertigungsnahen Bewertung der Endwindungsgeometrie für das Ausgangsmaterial VD-SiCrVNi bei einer Grenzschwingspielazhl von $N_G = 300 \cdot 10^6$

chung bietet sich die Torsionsnennspannung an, welche lediglich von der Federkraft, dem Draht- und Federdurchmesser abhängt. Die Ordinatenachse wird zur Charakterisierung der Kontaktbeanspruchung und die Abszissenachse wird zur Beschreibung der Torsionsbeanspruchung herangezogen. Abbildung 11.2 zeigt die empirisch abgeleiteten Trendgebiete für das Ausgangsmaterial VD-SiCrVNi bei einer Grenzschwingspielzahl von $N_G = 300 \cdot 10^6$ Zyklen. Unschärfen, die z.B. bei Vorlage mehrerer Kontaktstellen durch die Summenbildung der Kontaktwinkel entstehen, werden zugunsten einer einfachen Anwendbarkeit in Kauf genommen. Diese überschlägige Betrachtung bietet sich insbesondere für den Einstellvorgang der Windemaschine an. Befindet sich die Summe der Kontaktwinkel der zu bewertenden Federn während des Einfedervorganges im roten Bereich, dann handelt es sich um eine ungünstige Endwindungsgeometrie. Liegt das Anlageverhalten der neu gefertigten Feder vollständig im blauen Bereich, so handelt es sich um eine Feder mit einer günstigen Endwindungsgeometrie. Im nächsten Schritt muss die Fertigungsstreuung im Endwindungsbereich ermittelt und für zulässig befunden werden.

Um Endwindungsbrüche im VHCF-Bereich lokal quantifizieren zu können, wird eine numerische Beanspruchungsanlayse der Federgeometrie vorgeschlagen. Die Modellbildung kann Kapitel 9.1 entnommen werden. Um sicherzustellen, dass das numerische Modell das nichtlineare Abwälzverhalten korrekt abbildet, muss ein FE-Abgleich, entsprechend Kapitel 9.2, durchgeführt werden. Anschließend kann mit dem abgeglichenen FE-Modell, unter Berücksichtung der zu erwartenden Federbelastung, eine lokale Schädigungsbewertung auf Basis der Kontaktdruckschwingweite oder des Schädigungsparameters nach Dang Van durchgeführt werden.
Wie in Kapitel 9.5 dargelegt, weist der Schädigungsparameter nach Dang Van eine höhere Aussagegüte und die Bewertung anhand der Kontaktdruckschwingweite einen geringeren Ressourcenaufwand auf. Für die abschließende Bewertung wird die maximal auftretende Beanspruchung mit der ertragbaren Beanspruchbarkeit verglichen. In Tabelle 11.1 sind die Grenzwerte des Ausgangsmaterials VD-SiCrVNi für eine Schwingspielzahl von $N = 300 \cdot 10^6$ Zyklen aufgelistet. Grenzwerte für geringere Schwingspielzahlen können Abbildung 9.21 und Abbildung 9.20 entnommen werden. Die Grenzwerte gelten für ein Versagen im nicht kugelgestrahlten Bereich der Endwindung.

Tabelle 11.1: Grenzwerte für ein Versagen im nicht kugelgestrahlten Bereich der Endwindung unter Verwendung des Ausgangsmaterials VD-SiCrVNi und einer Grenzschwingspielzahl von $N_G = 300 \cdot 10^6$

Schadensparameter	Δp in MPa	$\tau_{DV,0}$ in MPa
Endwindungsbruch	≥4014	≥866
kein Endwindungsbruch	≤2473	≤509

Die Erkenntnisse zur Auslegung von Endwindungsgeometrien bei erhöhter Schwingspielzahl sind nachfolgend zusammengefasst:

- Die Grundlage zur Beurteilung der Endwindungsgeometrie stellt die im Rahmen dieser Arbeit entwickelte Lichtspaltmethode dar.

- Anhand Abbildung 11.2 ist es nun möglich eine makroskopische Bewertung einzelner Federseiten durchzuführen und so eine gezielte Auslegung der Endwindungsgeomtrie zu realisieren.

- Zusätzlich zu der Grobauslegung über die Betrachtung der Kontaktwinkel in Abhängigkeit der Torsionsbeanspruchung wird eine örtliche Methode zur Schädigungsbewertung auf Basis der Finiten Elemente Methode vorgeschlagen. Der numerische Modellabgleich wird über die Lichtspaltmethode realisiert.

- Über die Nachrechung der Schwingversuche wird aufgezeigt, dass die lokale Kontaktdruckschwingweite als auch der Schadensparameter nach Dang Van geeignete Kenngrößen zur Beschreibung der VHCF-Kontaktermüdung darstellen und mit den abgeleiteten Bemessungswerten sind Endwindungsbrüche durch Kontaktermüdung im VHCF-Bereich nun lokal bewertbar.

- Die Umrechung der Schwingfestigkeitsergbenisse in lokale Beaspruchbarkeiten hat gezeigt, dass die Schädigungsbewertung auf Grundlage des Schadensparameters nach Dang Van dem vorliegendem nichtproportionalen mehrachsigen Spannungszustandes und dem Bruchausgangsort unterhalb der Kontaktoberfläche besser gerecht wird, als die ressourcengünstigere Bewertung anhand der Kontaktdruckschwingweite.

Kapitel 12

Zusammenfassung und Ausblick

Ziel dieser Arbeit ist es, den Schadensmechanismus „Torsionsschwingbruch durch Kontaktermüdung“ an Schraubendruckfedern gezielt zu reproduzieren, zu untersuchen und nach Möglichkeit zu quantifizieren. Zu diesem Zweck wird die Lichtspaltmethode enwickelt. Hierdurch ist es möglich, Schraubendruckfedern mit gezielt variierendem Anlageverhalten zu fertigen und so den Einfluss des Anlageverhaltens auf Endwindungsbrüche experimentell zu überprüfen sowie numerisch zu analysieren.

Zur Charakterisierung des Ausgangsmaterials werden Gefüge- und Oberflächenuntersuchungen, Zug- und Torsionsversuche, Reib- und Verschleißversuche als auch Härtemessungen an Drahtproben durchgeführt. Umlaufbiegeversuche werden an künstlich vorgeschädigten und nicht künstlich vorgeschädigten Drahtproben des Ausgangsmaterials VD-SiCrVNi und VD-SiCrV mit vorheriger Wärmebehandlung bis zu einer Grenzschwingspielzahl von $N_G = 1 \cdot 10^7$ geprüft. Die Auftragung der Schwingfestigkeitsergebnisse in einem Kitagawa-Diagramm verdeutlicht, dass bei den untersuchten ölschlussvergüteten Drähten ein nahezu werkstoffunabhängiger Schwingfestigkeitsabfall und eine hohe Rissempfindlichkeit vorliegt. Daraus lässt sich ableiten, dass ölschlussvergütete Federn im ungestrahlten Endwindungsbereich eine hohe Defektempfindlichkeit aufweisen. Anhand des Kitagawa-Diagramms ist der Einfluss von Oberflächendefekten im nicht kugelgestrahlten Endwindungsbereich auf die Schwingfestigkeit nun bestimmbar.

Die gängigen Verfahren zur Bewertung des Windungsabschaltens, in Form der Beurteilung des Federratensverlaufs oder der Kontaktdetektion über ein druckempfindliches Papier, ermöglichen keine lokale und zugleich lastabhängige Bewertung des Anlageverhaltens. Aus diesem Grund wird die Lichtspaltmethode entwickelt. Das optische Verfahren basiert auf der Beurteilung des Lichtspaltes zwischen angeschliffener und erster federnder Windung. Hierdurch ist es im möglich, den Kontaktwinkel zwischen den beiden Windungen in Abhängigkeit der aktuellen Federbelastung zu bestimmen. Die Ermittlung der optischen Güte des Messaufbaus erfolgt über ein Testbild und für die Beurteilung der geometrischen Güte wird eine Referenzgeometrie entwickelt. Im Rahmen der Messreproduzierbarkeitsuntersuchung wird eine hinreichende Reproduzierbarkeit aufgezeigt. Die Lichtspaltmethode eignet sich im Gegensatz zu numerischen Verfahren auch zur fertigungsnahen Beurteilung des Anlageverhaltens, insbesondere zur Beurteilung der Fertigungsstreuung. Zusätzlich ermöglicht die Lichtspaltmethode einen höherwertigen FE-Abgleich im Endwindungsbereich, als die bisher gängigen Verfahren.

Mittels der Lichtspaltmethode werden gezielt Federvarianten mit unterschiedlichem Anlageverhalten gefertigt, s. Kapitel 7. Als Ausgangsmaterial wird ein ölschlussvergüteter VD-SiCrVNi-Draht verwendet. Nach der Fertigung werden die Federvarianten hinsichtlich der Federgeometrie, des Anlageverhaltens, der Oberflächenbeschaffenheit, des Gefüges und des Härteverlaufs charakterisiert. Die klassischen Kenngrößen der Federvarianten lassen sich über einheitliche Streubänder abbilden und weisen eine typische Streuung auf. Bei allen Varianten wird im Endwindungsbereich ein homogenes, martensitisches Gefüge festgestellt und die Härteverläufe weisen keine signifikanten Unterschiede auf. Der Härteverlauf des Ausgangsmaterials korreliert mit den Härteverläufen der Federvarianten. Die Untersuchungen zur Eigenspannungsbestimmung im Endwindungsbereich haben gezeigt, dass der Eigenspannungsverlauf hauptsächlich vom Messort und weniger von den Federvarianten, der Federseite bzw. der Messrichtung abhängt. Bei allen gemessenen Federvarianten stellen sich im Bereich der Endwindungskerbe an der Oberfläche Zugeigenspannungen und unterhalb der Oberfläche Druckeigenspannungen ein. Im nicht kugelgestrahlten Bereich kommt es zur Ausbildung von annähernd homogenen Druckeigenspannungsverläufen. Untersuchungen zur Eigenspannungsorientierung lassen auf eine ungerichtete Eigenspannungsausbildung schließen, was typisch für kontaktindzierte Eigenspannung ist. Die Bewertung des Anlageverhaltens hat ergeben, dass es bei ungünstiger Wahl der Endwindungsgeometrie innerhalb einer Variante möglich ist, Federn mit stark variierendem Anlageverhalten zu fertigen. Neben großen Änderungen im Kontaktwinkel können auch Unterschiede in der Anzahl der Kontaktstellen festgestellt werden. Um die Endwindungsgeometrie zukünftiger Federvarianten zutreffend beurteilen zu können, muss das im allgemeinen nichtlineare Abwälzverhalten von einer signifikanten Federanzahl bei unterschiedlichen Federkräften erfasst werden.

Die Federn werden auf einer Reicherter Prüfmaschine bis zu einer Grenzschwingspielzahl von $N_G = 300 \cdot 10^6$ geprüft, s. Kapitel 8. Die nachträgliche Analyse der Verschleißoberflächen hat gezeigt, dass Federn mit Stellplätzen an der Maschinenaußenseite im unteren Teil der Maschine konstanten Schmierbedingungen unterliegen. Bei den anderen Federstellplätzen werden teilweise ein großer abrasiver Verschleiß und große Unterschiede im Verschleiß festgestellt. An Federpopulationen die über die Versuchsdauer konstanten Schmierbedingungen unterliegen, konnte ein Zusammenhang zwischen großem Kontaktwinkel und keine Endwindungsbrüche (Federn der Variante FV4 des 1. Stockes) sowie zwischen kleinem Kontaktwinkel und Endwindungsbrüchen (Federn der Variante FV1 des 1. Stockes) experimentell aufgezeigt werden. Die in Kapitel 3 getroffene Annahme, dass die Endwindungsbruchanfälligkeit maßgeblich von der Kontaktbeanspruchung und somit vom Anlageverhalten, d.h. vom Höhenverlauf der Feder in der aktuellen Momentankonfiguration, abhängt, hat sich bestätigt.
Die Bruchanalyse weist im Endwindungsbereich Versagen an unterschiedlichen Bruchorten mit differenzierten Versagensursachen auf. Endwindungsbrüche, d.h. Brüche der ersten angeschliffenen Windung an der Kontaktstelle durch Kontaktermüdung, werden bei drei von fünf Varianten festgestellt. Die Schadensanalyse zeigt, dass Endwindungsbrüche mit oberflächennahem Bruchausgang im HCF-Bereich und Endwindungsbrüche mit einem Bruchausgang unterhalb der Oberfläche im VHCF-Bereich vorzufinden sind. Vor dem Hintergrund dieser Erkenntnis wird eine differenzierte Betrachtung des Schadensmechanismus vorgenommen. Die Endwindungsbrüche im Bereich geringer Schwingspielzahlen lassen auf eine fertigungs- bzw. verschleißbedingte Primärschädigung schließen. Diese Brüche ereignen sich bei der Federvariante, die ein stark variierendes Anlageverhalten aufweist. Endwindungsbrüche im Bereich erhöhter Schwingspielzahlen mit einem Bruchausgang unterhalb der Oberfläche wird auf eine Primärschädigung durch Kontaktermüdungsrissbildung zurückgeführt.
Entsprechend den Spezifikation des Drahtherstellers können über die zerstörungsfreie Wirbelstromprüfung (100%-Prüfung) Oberflächendefekte bis zu einer Defekttiefe von

40 µm detektiert werden. Die Ergebnisse der Umlaufbiegeversuche an künstlich vorgeschädigten und nicht künstlich vorgeschädigten Drahtproben zeigen, dass sich bei einer Defektiefe von 40 µm ein Schwingfestigkeitsabfall von etwa 50% einstellt. Die grundsätzliche Auftittsmöglichkeit von größeren Oberflächendefekten und die aufgezeigte schwingfestigkeitsmindernde Wirkung bieten eine mögliche Erklärung für Endwindungsbrüche im HCF-Bereich. Bei den Reib- und Verschleißversuchen werden während des Einscheuervorganges der rauen Drahtoberflächen vereinzelt Materialausbrüche mit einer Tiefe von 20 µm festgestellt. Diese örtlichen Materialausbrüche führen zur einer Schädigung der Drahtoberfläche und begünstigen Endwindungsbrüche im HCF-Bereich. Die Eigenspannungsauswertung hat ergeben, dass sich an der Oberfläche von ungeprüften Federn örtlich begrenzte Bereiche mit Zugeigenspannungen ausbilden, welche sich mit fortschreitender Schwingspielzahl hin zu Druckeigenspannungen umlagern. Die zu Beginn der Prüfung vorliegenden Oberflächenbereiche mit Zugeigenspannungen können als Stellen reduzierter Beanspruchbarkeit aufgefasst werden, was ein HCF-Versagen fördert. Bei den VHCF-Endwindungsbrüchen wird ein geringer abrasiver Verschleiß festgestellt.

Für die numerische Beanspruchungsanalyse in Kapitel 9 werden der Torsions- und der Biegemomentenverlauf entlang der Federspur als auch der Kontaktdruckverlauf ausgewertet. Der FE-Modellabgleich erfolgt durch Vergleich des numerischen Windungsabstandes mit dem experimentellen Kontaktwinkel. Im Allgemeinen ist ein iterative Anpassung der Federspurhöhe erforderlich. Anhand der Sensitivitätsanalyse in Kapitel 10 wird der Einfluss geometrischer Größen auf die Kontaktdruckverteilung im Endwindungsbereich untersucht. Hierzu wird eine vermessene Referenzfeder numerisch abgebildet und das Anlageverhalten über die Lichtspaltmethode abgeglichen. Die Variation umfasst den Anschliffwinkel, die Gesamtwindungszahl, sowie den Draht- und den Federdurchmesser. Im Rahmen der üblichen Fertigungstoleranzen ruft die Variation des Drahtdurchmessers, der Gesamtwindungsanzahl, des Federdurchmessers Änderungen im Kontaktdruckverlauf von etwa 500 MPa hervor. Bei der Variation des Schleifwinkels werden größere Abweichungen lediglich bei fertigungsunüblichen Drahtendendicken festgestellt. Die Änderungen im Anlageverhalten fallen damit geringer aus als die Unterschiede welche über eine Modifizierung der Federspurhöhe erreicht werden.

Für Endwindungsbrüche im Bereich erhöhter Schwingspielzahlen mit nicht kugelgestrahlten Kontaktoberflächen erfolgt die Ableitung örtlicher Grenzwerte, s. Kapitel 9.5. Hierzu werden die Schwingversuche mit der Finiten Elemente Methode nachgerechnet und in lokale Beanspruchbarkeiten überführt. Es hat sich gezeigt, dass sowohl die Kontaktdruckschwingweite als auch der Schadensparameter nach Dang Van geeignete Kenngrößen zur Beschreibung der VHCF-Kontaktermüdung darstellen und über die abgeleiteten Bemessungswerte sind Endwindungsbrüche durch Kontaktermüdung im VHCF-Bereich nun bewertbar. Die Umrechung der Schwingfestigkeitsergebnisse in lokale Beaspruchbarkeiten hat gezeigt, dass die Schädigungsbewertung auf Grundlage des Schadensparameters nach Dang Van dem vorliegendem nichtproportionalen mehrachsigen Spannungszustandes und dem Bruchausgangsort unterhalb der Kontaktoberfläche besser gerecht wird als die ressourcengünstigere Bewertung anhand der Kontaktdruckschwingweite.

Zusätzlich zu lokalen Schädigungsbewertung auf Basis der Finiten Elemente Methode wird ein Vorschlag zur Grobauslegung der Endwindungsgeometrie gegenüber VHCF-Kontaktermüdung aufgezeigt. Zur fertigungsnahen Auslegung neuer Endwindungsgeometrien wird eine empirische Methode vorgeschlagen, s. Kapitel 11. Hierfür wird die Summe der Kontaktwinkel in Abhängigkeit der Torsionsnennspannung ausgewertet und anhand der vorliegenden Schwingfestigkeitsversuche kann eine Grobbewertung über die Güte des Anlageverhaltens getroffen werden. Weiterführende Untersuchungen zur Validierung und zum Ausbau der empirischen Methode erscheinen sinnvoll und notwendig. An dieser Stelle sei darauf hingewiesen, dass die Endwindungsgeometrie gängigerweise als Fertigungsausgleich verwendet wird um die übrigen Federanforderungen wie zulässiger Bauraum, Gewichtsanforderungen, einen definierten Kraft-Weg-Verlauf oder Querkräfte zu befriedigen. Eine gezielte Gestaltung des Anlageverhaltens führt somit zu einem gewissen Zusatzaufwand bzw. erfordert die Bereitstellung eines produktspezifischen Fertigungsausgleichs an anderer Stelle.

Eine Weiterentwicklung der Federprüftechnik hinsichtlich der gezielten Einstellung tribologischer Prüfbedingungen sollte Bestandteil weiterführender Untersuchungen sein. Hierbei sollte auch eine Verbesserung der bestehenden Technik zur Bruchdetektion von Endwindungsbrüchen in Betracht gezogen werden. Eine gezielte Variation der Prüfbedingungen erlaubt eine zielgerichtete Untersuchung von Endwindungsbrüchen im HCF-Bereich und bildet eine gute Ausgangsbasis zur Überprüfung der vorgestellten Versagensursachen sowie Ableitung eines Bemessungskriteriums. Erste Hinweise zur methodischen Bewertung von der Primärschädigung von HCF-Endwindungsbrüchen können den Literaturquellen [62], [88] und [150] entnommen werden. An dieser Stelle sei auf die Literaturauswertung von Schönnenbeck [134] zur Graufleckenbildung an Zahnrädern verwiesen. Über die Häufigkeitsermittlung von Oberflächendefekten am Drahtmaterial ist es möglich, Rückschlüsse auf die Auftrittswahrscheinlichkeit von Endwindungsbrüchen im HCF-Bereich zu treffen, die einer fertigungsbedingten Primärschädigung unterliegen.

Von Interesse ist sicherlich auch die Entwicklung eines Drahtprüfstandes zur Abbildung einer endwindungsnahen Beanspruchung, was die Grundlage für eine werkstoffbasierte Zuverlässigkeitsbetrachtung bildet. Zur Verbesserung der Schwingfestigkeitsdatenbank sind ein Ausbau und die Einbeziehung zusätzlicher Werkstoffe, Schmierbedingungen, Federgeometrien als auch Fertigungsparameter, wie z.B. Schleifparameter, zu empfehlen, s. Abbildung 3.1.

Anhang A

Anhang Abbildungen

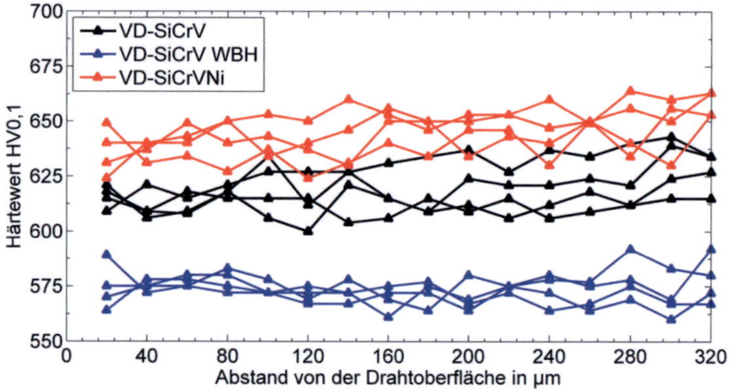

Abbildung A.1: Härteverlauf der Drahtvarianten

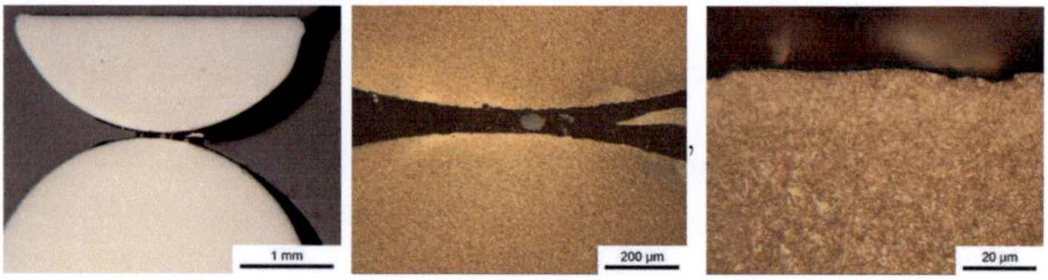

Abbildung A.2: Querschliff am Federanfang der Variante FV1

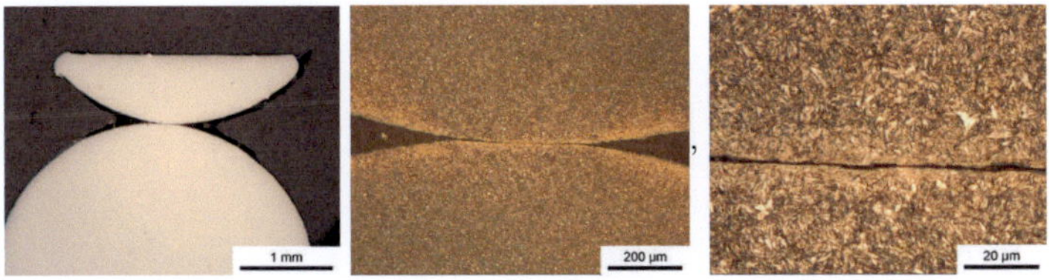

Abbildung A.3: Querschliff am Federanfang der Variante FV2

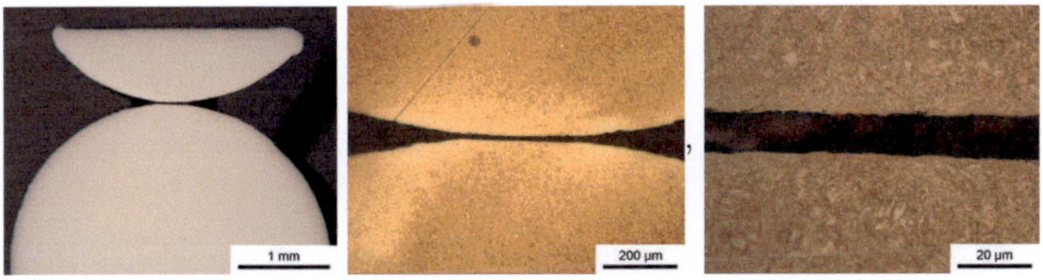

Abbildung A.4: Querschliff am Federende der Variante FV2

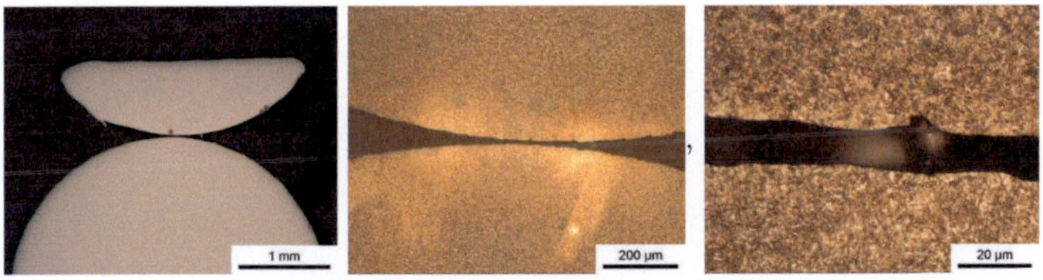

Abbildung A.5: Querschliff am Federanfang der Variante FV3

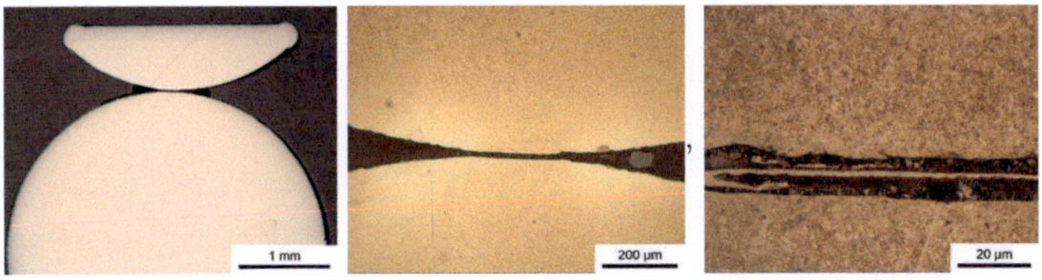

Abbildung A.6: Querschliff am Federende der Variante FV3

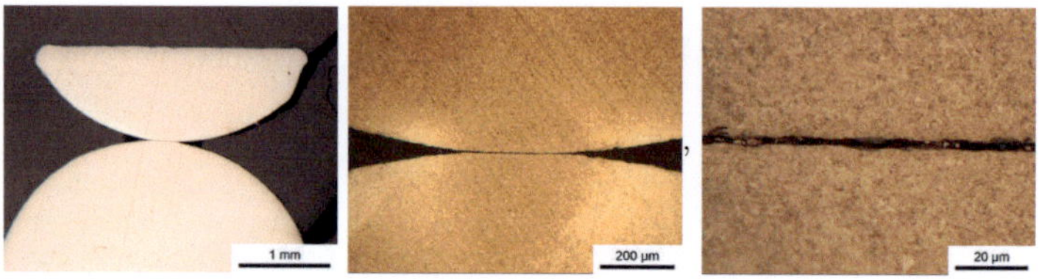

Abbildung A.7: Querschliff am Federanfang der Variante FV4

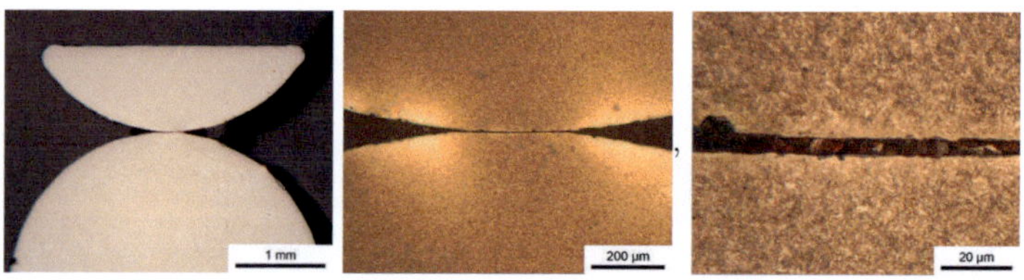

Abbildung A.8: Querschliff am Federende der Variante FV4

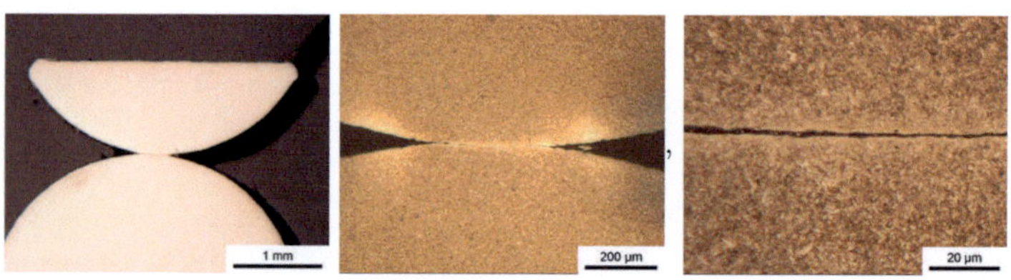

Abbildung A.9: Querschliff am Federanfang der Variante FV5

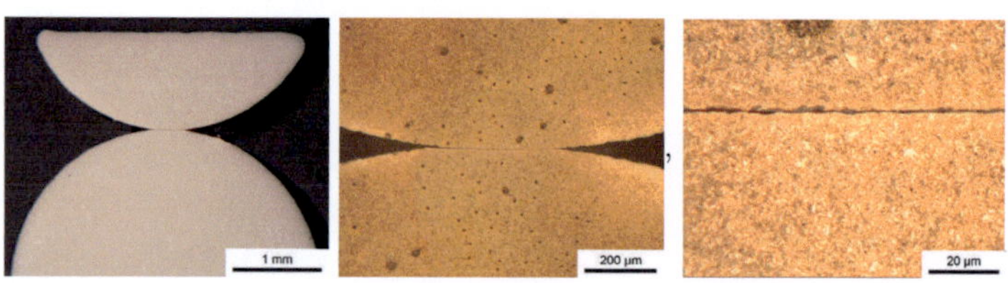

Abbildung A.10: Querschliff am Federende der Variante FV5

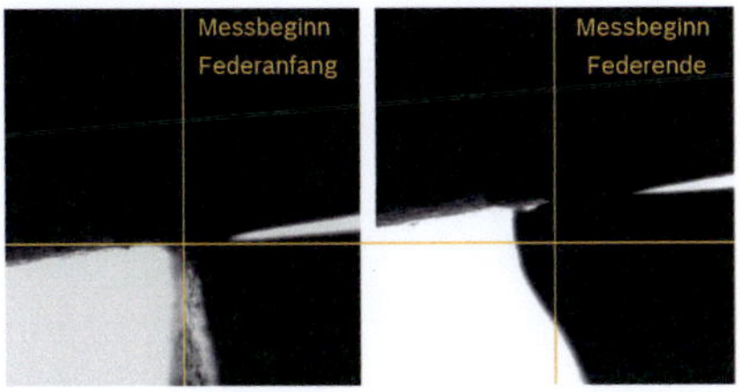

Abbildung A.11: Definition Messbeginn Lichtspaltmethode

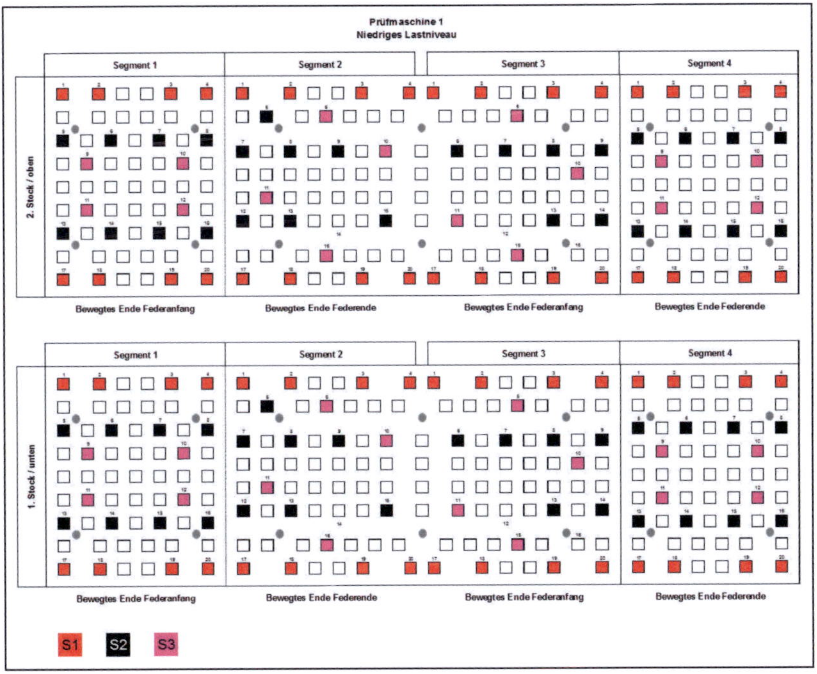

Abbildung A.12: Belegungsplan der Federn an der Prüfmaschine 1 beim niedrigen Lastniveau

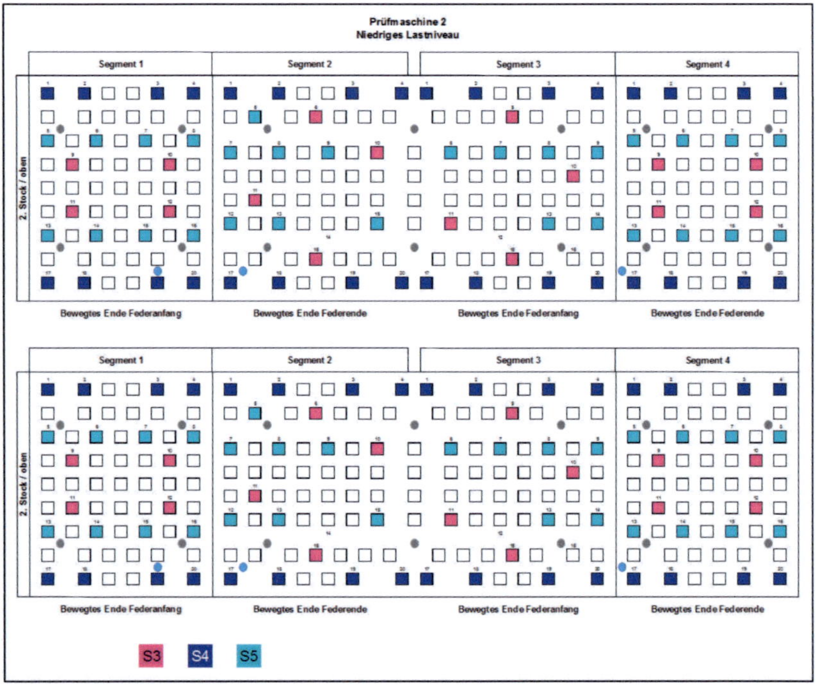

Abbildung A.13: Belegungsplan der Federn an der Prüfmaschine 2 beim niedrigen Lastniveau

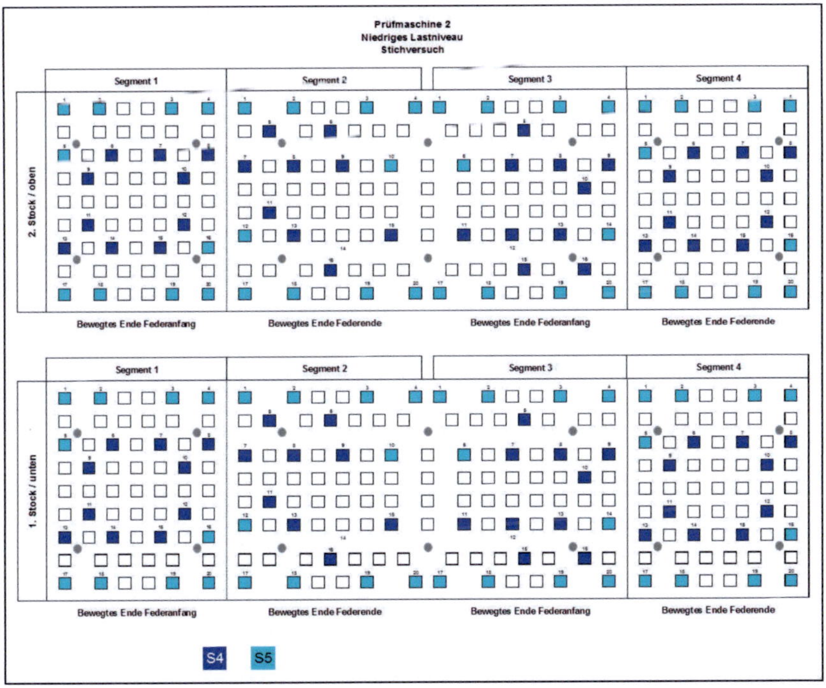

Abbildung A.14: Belegungsplan der Federn an der Prüfmaschine 1 für den Stichversuch

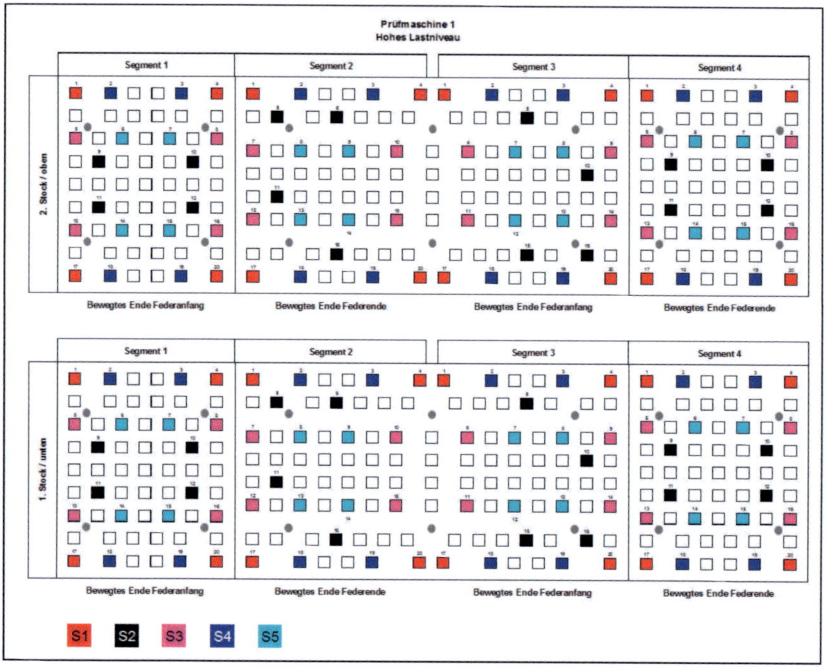

Abbildung A.15: Belegungsplan der Federn an der Prüfmaschine 1 beim hohen Lastniveau

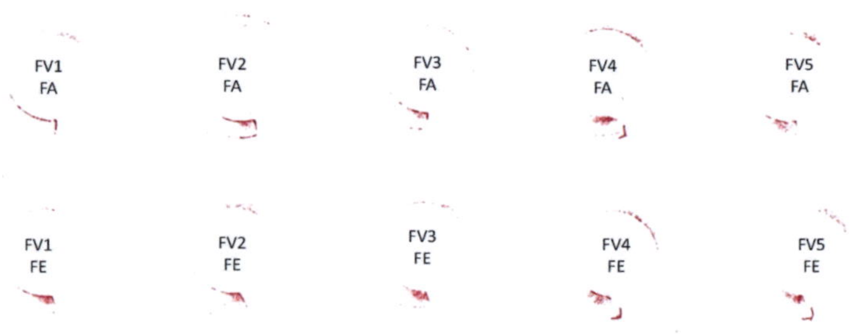

Abbildung A.16: Kontaktdruckverteilung der Aufstandsfläche bei einer Federkraft von $F = 0\,\mathrm{N}$ bis $200\,\mathrm{N}$, oben Federanfang (FA), unten Federende (FE)

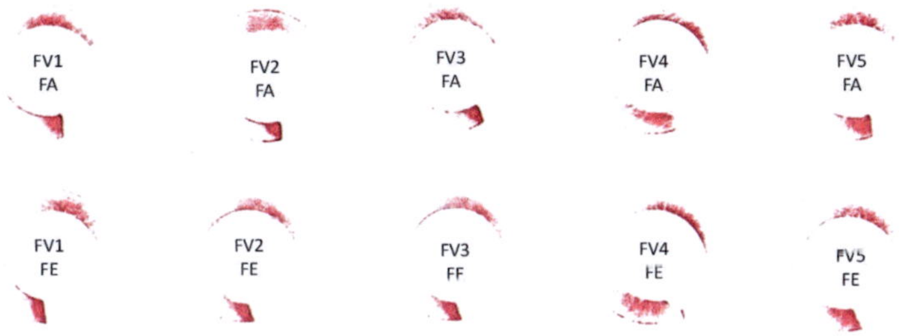

Abbildung A.17: Kontaktdruckverteilung der Aufstandsfläche bei einer Federkraft von $F = 0\,\mathrm{N}$ bis $600\,\mathrm{N}$, oben Federanfang (FA), unten Federende (FE)

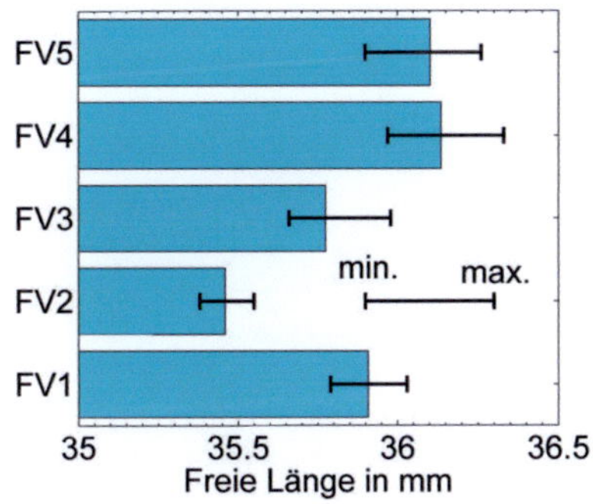

Abbildung A.18: Freie Länge der Varianten FV1 bis FV5 bei einem Stichprobenumfang von 10 Federn

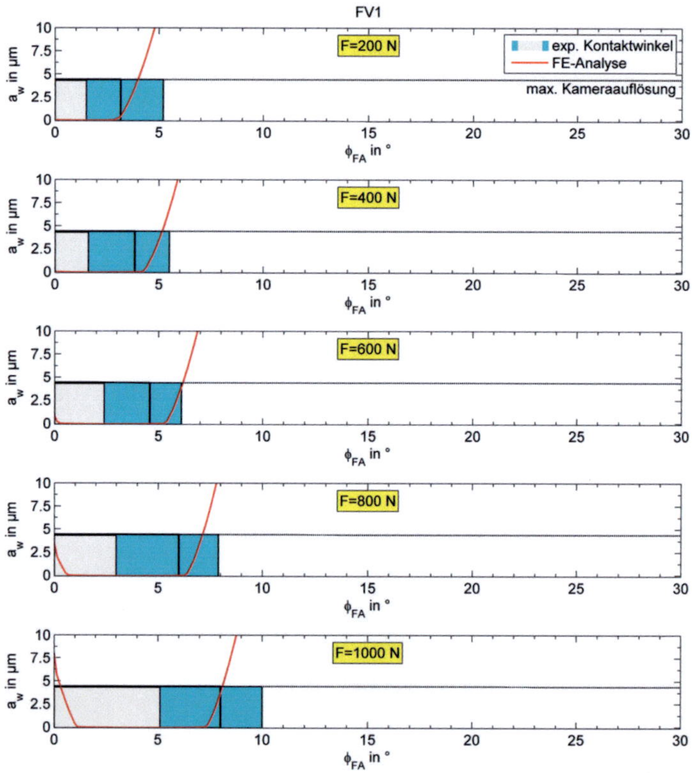

Abbildung A.19: FE-Abgleich des numerisch ermittelten Windungsabstandes mit dem experimentell ermittelten Anlageverhalten bei der Variante FV1 am Federanfang

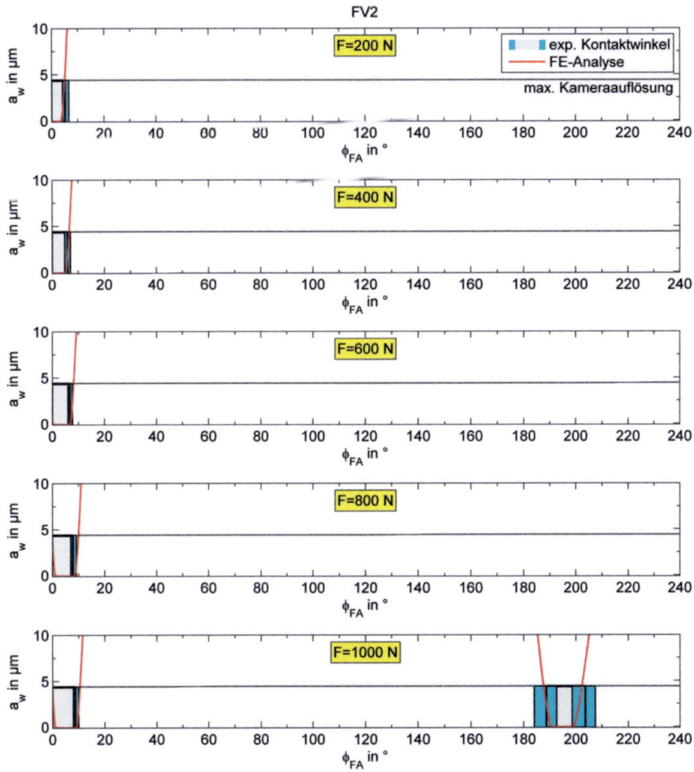

Abbildung A.20: FE-Abgleich des numerisch ermittelten Windungsabstandes mit dem experimentell ermittelten Anlageverhalten bei der Variante FV2 am Federanfang

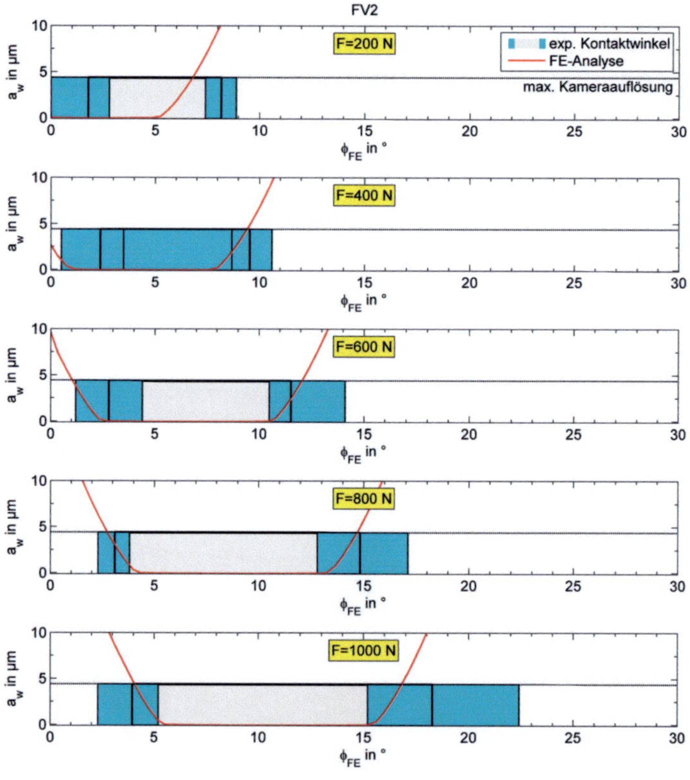

Abbildung A.21: FE-Abgleich des numerisch ermittelten Windungsabstandes mit dem experimentell ermittelten Anlageverhalten bei der Variante FV2 am Federende

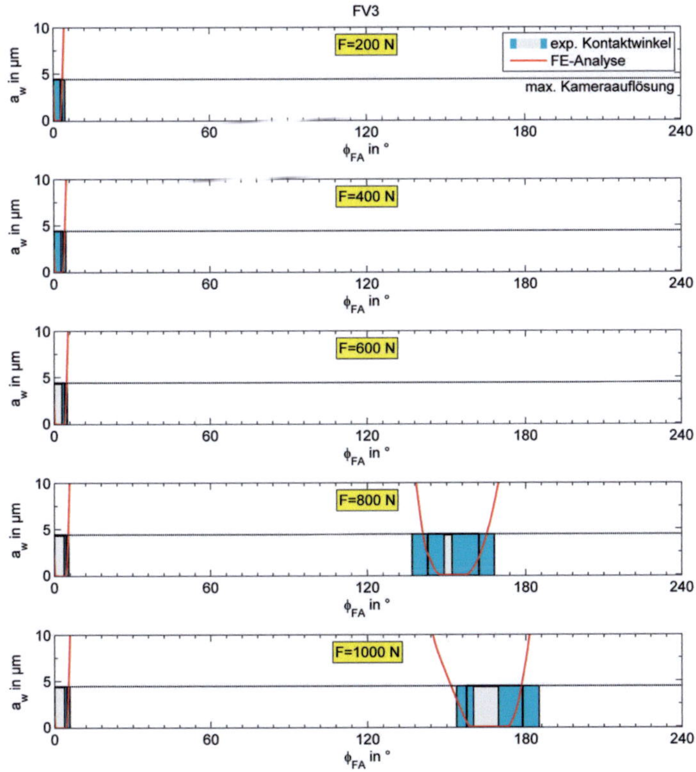

Abbildung A.22: FE-Abgleich des numerisch ermittelten Windungsabstandes mit dem experimentell ermittelten Anlageverhalten bei der Variante FV3 am Federanfang

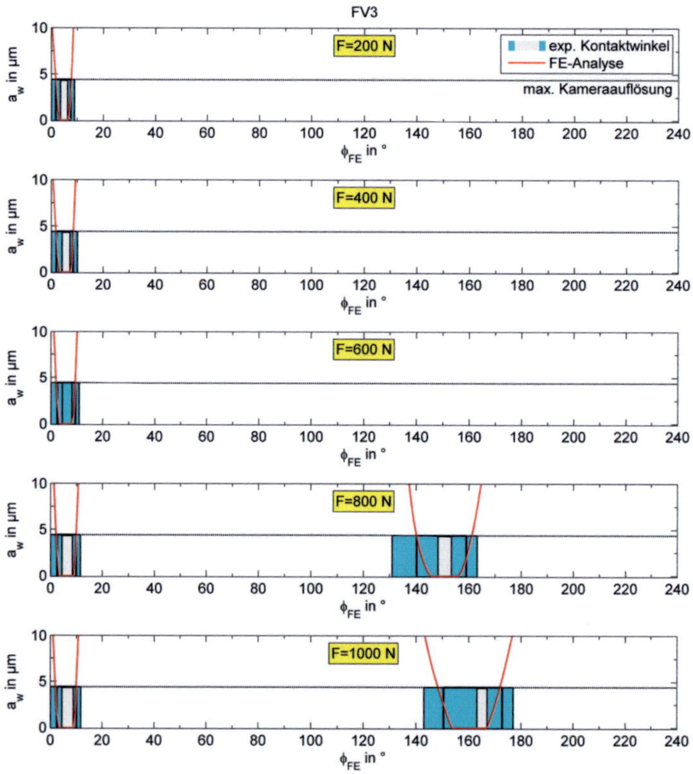

Abbildung A.23: FE-Abgleich des numerisch ermittelten Windungsabstandes mit dem experimentell ermittelten Anlageverhalten bei der Variante FV3 am Federende

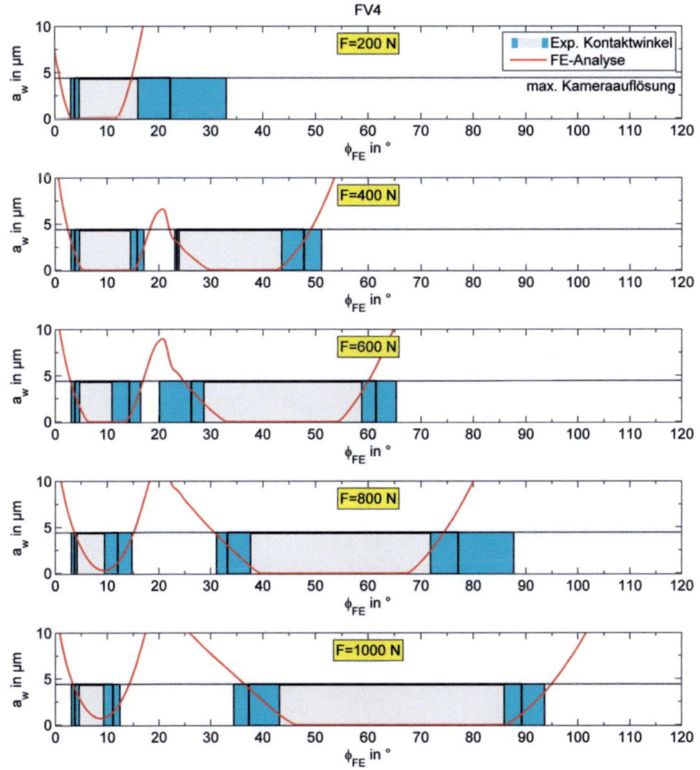

Abbildung A.24: FE-Abgleich des numerisch ermittelten Windungsabstandes mit dem experimentell ermittelten Anlageverhalten bei der Variante FV4 am Federende

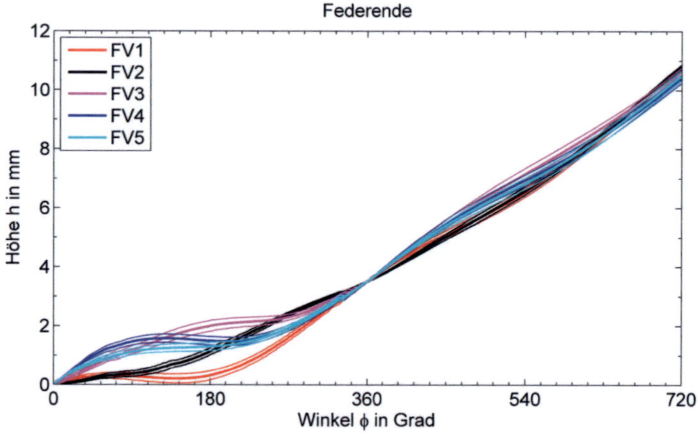

Abbildung A.25: Höhe in Abhängigkeit des Winkels für die 5 Federvarianten am Federende, dicke Linien kennzeichnen die 50%-Werte und die dünnen Linien den zweiseitigen Schwellenwert von 90% bei einem Stichprobenumfang und von 50 Federn und der Annahme einer Normalverteilung

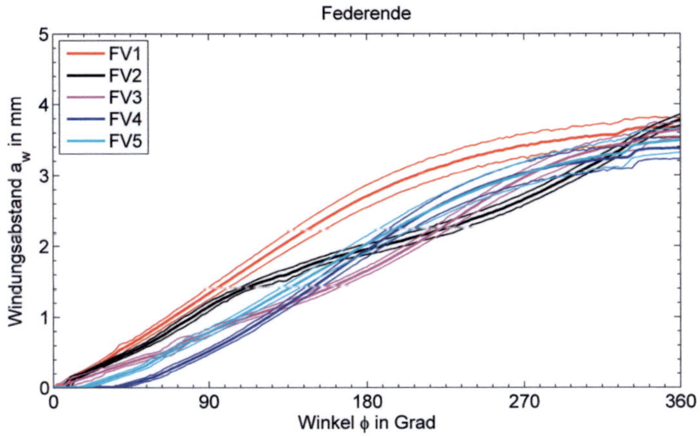

Abbildung A.26: Windungsabstand in Abhängigkeit des Winkels für die 5 Federvarianten am Federende, dicke Linien kennzeichnen die 50%-Werte und die dünnen Linien den zweiseitigen Schwellenwert von 90% bei einem Stichprobenumfang und von 50 Federn und der Annahme einer Normalverteilung

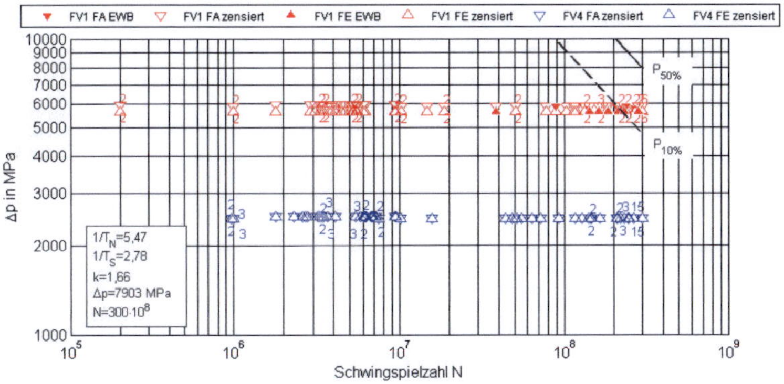

Abbildung A.27: Örtliche Schädigungsbewertung unter Berücksichtigung konstanter Prüfbedingungen und Verwendung der Kontaktdruckschwingweite

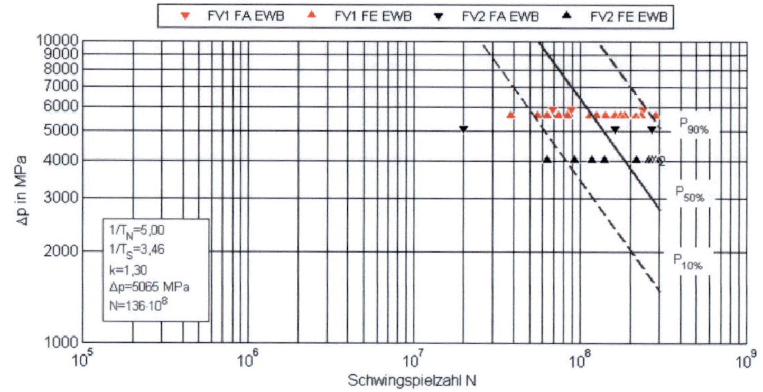

Abbildung A.28: Örtliche Schädigungsbewertung unter Berücksichtigung der Endwindungsbrüche und Verwendung der Kontaktdruckschwingweite

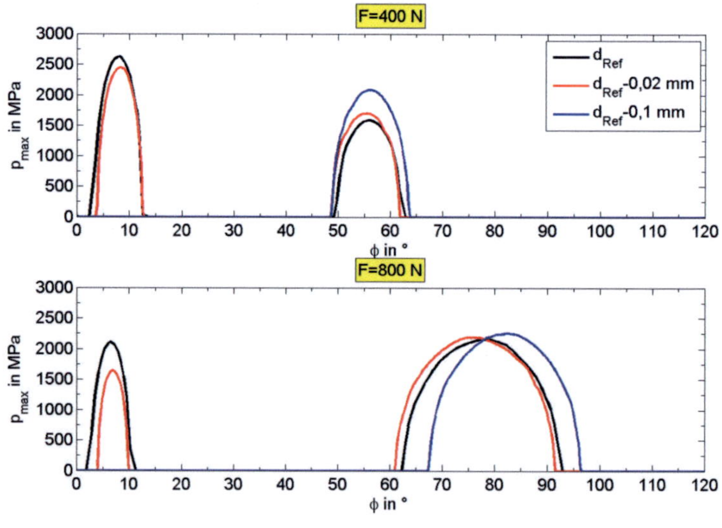

Abbildung A.29: Einfluss unterschiedlicher Drahtdurchmesser auf den Kontaktspannungsverlauf am Federanfang der Federvariante FV4 bei einer Federkraft von 400 N und 800 N

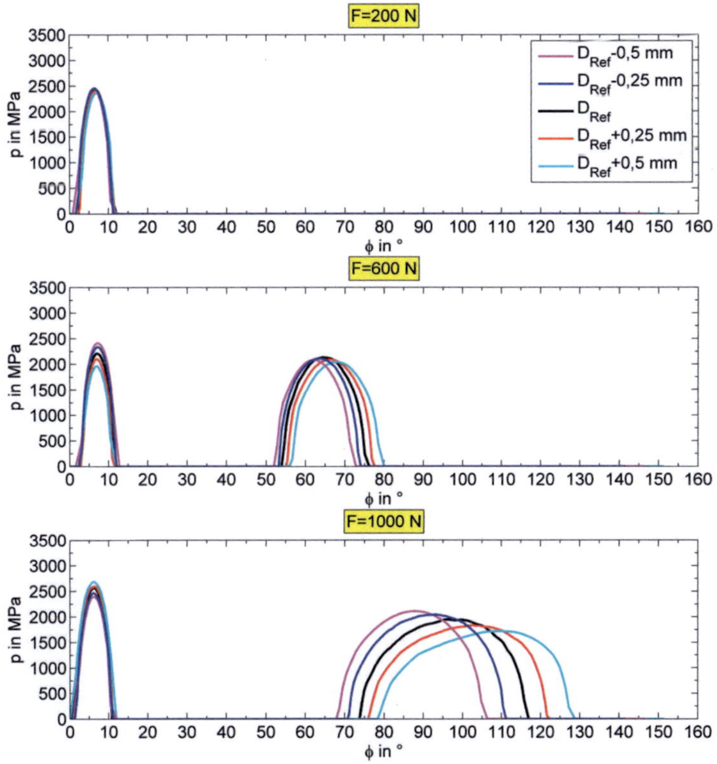

Abbildung A.30: Einfluss unterschiedlicher Federdurchmesser auf den Kontaktspannungsverlauf bei einer Federkraft von 200 N, 600 N und 1000 N

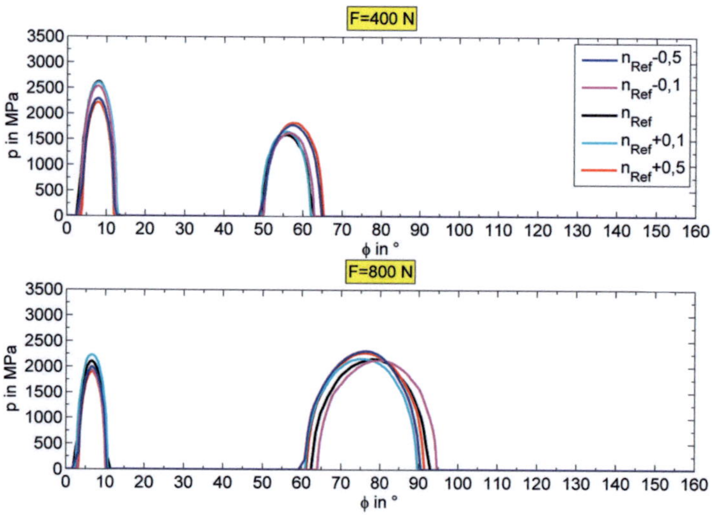

Abbildung A.31: Einfluss unterschiedlicher Gesamtwindungen auf den Kontaktspannungsverlauf am Federanfang der Federvariante FV4 bei einer Federkraft von 400 N und 800 N

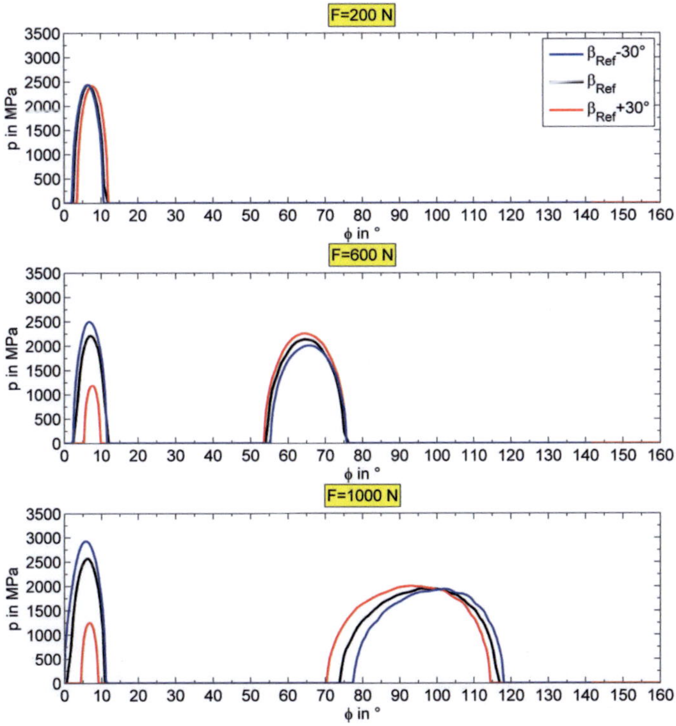

Abbildung A.32: Einfluss unterschiedlicher Anschliffwinkel auf den Kontaktspannungsverlauf bei einer Federkraft von 200 N, 600 N und 1000 N

Anhang B

Anhang Tabellen

Tabelle B.1: Gemittelte Ergebnisse der Zugversuche

Halbzeug	E in MPa	$R_{p0,02}$ in MPa	$R_{p0,05}$ in MPa	$R_{p0,2}$ in MPa	R_m in MPa	A_g in %	A in %
VD-SiCrV	203302	1658	1788	1925	2074	2.8	5.5
VD-SiCrV WBH	202682	1770	1829	1845	1928	2.9	5.5
VD-SiCrVNi	200209	1609	1749	1917	2136	3.7	7.0

Tabelle B.2: Gemittelte Ergebnisse der Torsionsversuche

Halbzeug	G-Modul in MPa	$\tau_{p0,02}$ in MPa	$\tau_{t0,4}$ in MPa	τ_{tmax} in MPA	γ_B in %
VD-SiCrV	80836	1121	1391	1643	21.8
VD-SiCrV WBH	80776	1127	1306	1514	20.0
VD-SiCrVNi	79659	1081	1405	1747	36.7

Tabelle B.3: Gemittelte Ergebnisse der HV0,1-Härteprüfung

	FV1	FV2	FV3	FV4	FV5
Federanfang	634	621	639	626	622
Federende	642	614	638	639	624

Tabelle B.4: Schwingfestigkeitsergebnisse der Variante VD-SiCrV WBH bei einer Grenzschwingspielzahl $N_G = 1 \cdot 10^7$

Defekttiefe a in µm	$\sigma_{bW50\%}$ in MPa	$1/T_S$	$1/T_N$	k	N_E
OKD	717	1,23	-	-	-
10	624	1,1	1,5	5,1	$1,10 \cdot 10^5$
20	473	1,12	2,1	4,3	$1,69 \cdot 10^5$
60	324	1,19	1,34	3,0	$2,25 \cdot 10^5$
100	297	1,54	2,07	3,8	$3,85 \cdot 10^5$

Tabelle B.5: Schwingfestigkeitsergebnisse der Variante VD-SiCrVNi bei einer Grenzschwingspielzahl $N_G = 10 \cdot 10^6$

Defekttiefe a in µm	$\sigma_{bW50\%}$ in MPa	$1/T_S$	$1/T_N$	k	N_E
OKD	819	1,21	-	-	-
10	693	1,16	2,62	4,0	$0,60 \cdot 10^5$
20	503	1,24	1,33	3,1	$0,80 \cdot 10^5$
100	324	1,19	1,5	3,1	$1,85 \cdot 10^5$

Tabelle B.6: Statistische Auswertung der Innenrandbrüche

Variante	FV1	FV2	FV3	FV4	FV5	Gemeinsame Auswertung
τ_{kH} bei $N = 100 \cdot 10^6$	941	960	951	937	956	952
$1/T_N$	7.51	9.55	5.58	85.22	217.89	82.67
k	55.36	53.47	61.92	49.43	37.89	47.08

Tabelle B.7: Statistische Auswertung anhand der Endwindungsbrüche

Variante	Bruchausgang	Datensatz	τ_{kH} in MPa	$N_{50\%}$	$1/T_N$	k
FV1	unterhalb Oberfläche	alle EWB	925	$123 \cdot 10^6$	4,13	-
FV1	unterhalb Oberfläche	EWB am FA	925	$134 \cdot 10^6$	2,91	-
FV1	unterhalb Oberfläche	EWB am FE	925	$118 \cdot 10^6$	4,46	-
FV2	unterhalb Oberfläche	alle EWB	935	$164 \cdot 10^6$	6,88	-
FV2	unterhalb Oberfläche	EWB am FA	935	$96 \cdot 10^6$	17,87	-
FV2	unterhalb Oberfläche	EWB am FE	935	$180 \cdot 10^6$	3,89	-
FV5	unterhalb Oberfläche	alle EWB	916	$69 \cdot 10^6$	16,34	-
FV5	oberflächennah	alle Brüche	916	$3,3 \cdot 10^6$	3,25	17,03

Literaturverzeichnis

[1] *Dubbel - Taschenbuch für den Maschinenbau.* 22. Springer Berlin Heidelberg, 2007

[2] ADENSTEDT, R. ; ZENNER, H.: *Arbeitsblatt Schwingfestigkeitsstreuung von Bauteilen.* TU Clausthal IMAB, 2001

[3] ARCHARD, J.F.: Contact and rubbing of flat surfaces. In: *Journal of Applied Physics* (1953), Nr. 24, S. 981–988

[4] BARTHOLD, G.: Spring failures and their causes. In: *Springs* (1998), Nr. Summer, S. 21–37

[5] BASQUIN, O. H.: The exponential law of endurance tests. In: *ASTM* (1910)

[6] BATISTA, A. C. ; DIAS, A. M. ; LEBRUN, J. L. ; LE FLOUR, J. C. ; INGLEBERT, G.: Contact fatigue of automotive gears: evolution and effects of residual stresses introduced by surface treatments. In: *Blackwell Science Ltd. Fatigue Fract Engng Mater Struct* (2000), Nr. 23, S. 217–228

[7] BAUSCHKE, K.: *Entstehung der Windeeigenspannungen und deren Einfluss auf die Ermüdungslebensdauer bei kalt- und halbwarm geformten Fahrzeugfedern.* Siegen, Universität Siegen, Diss., 2011

[8] BERGSTRÄSSER, M.: Die Berechung zylindrischer Schraubendruckfedern. In: *Z-VDI* (1933)

[9] BIGNONNET, A.: Fatigue design in automotive industry. In: DANG VAN, K. (Hrsg.) ; PAPADOPOULOS, I. V. (Hrsg.): *High-Cycle Metal Fatigue* Bd. 392. Springer Verlag, 1999, S. 145–168

[10] Bishop, J. L. H. ; Jones, G. ; Deutsches Patentamt (Hrsg.): *Patentschrift 831343: Spulenartig gewickelte Druckfeder.* 1949

[11] Boussinesq, J.: Application des Potentials a l 'etude de l 'equilibre et du mouvement des solides elastiques. In: *Gauthier-Villars* (1885)

[12] Bronstein, I. N. ; Semendjaew, K. A. ; Grosche, G. ; Ziegler, V. ; Ziegler, D.: *Taschenbuch der Mathematik.* Springer Spektrum, 2013

[13] Brunner, I.: *Zum Protokoll 12.03.2014, Projektsitzung Forschungsvorhaben IGF-Nr.* TU Darmstadt, 2014

[14] Brunner, I. ; Pyttel, B. ; Kaiser, B. ; Mahendran, M. ; Öchsner, M. ; Berger, C.: Schwingfestigkeit von Schraubendruckfedern bei sehr hohen Schwingspielzahlen - Einfluss von Versuchsdauer und Kugelstrahlbehandlung. In: *Ilmenauer Federntag* (2013), S. 75–84

[15] Cerruti, V.: In: *Ace. Lincei,Mem. fis. mat* (1882)

[16] Cooper, D. H.: Hertzian contact - stress deformation coefficients. In: *Transactios of the ASME Journal of Applied Mechanics* (1969), S. 269–303

[17] Czichos, H. ; Habig, K.-H.: *Tribologie Handbuch: Tribometrie, Tribomaterialien, Tribotechnik.* Vieweg+Teubner, 2010

[18] Dang Van, K.: Macro-micro approach in high cycle multiaxial fatigue. In: *American Society for Testing and Materials* (1993), Nr. 1191, S. 120–130

[19] Dang Van, K. ; Griveau, B. ; Message, O.: On an new multiaxial fatigue limit criterion: Theory and application. In: *Mechanical Engineering Publications Limited* (1989), Nr. EGF 3, S. 479–496

[20] Dang Van, K. ; Maitourma, M.H: Rolling contact in railways: modelling simulation and damage prediction. In: *Blackwell Science Ltd. Fatigue Fract Engng Mater Srruct* (2003), Nr. 26, S. 939–948

[21] Desimone, H. ; Bernasconi, A. ; Beretta, S.: On the application of Dang Van criterion to rolling contact fatigue. In: *Wear* (2006), Nr. 260, S. 567–572

[22] DEUTLER, H.: Dauerversuche an warmgeformten zylindrischen Schraubendruckfedern mit Kreisquerschnitt: Mitteilung aus der Bundesbahn-Versuchsanstalt München, Abteilung für Mechanik. In: *Glas. Ann.* (1956), Nr. 3, S. 81–92

[23] DIN 2095: *Zylindrische Schraubendruckfedern aus runden Drähten.* Berlin, 1973

[24] DIN 3990 TEIL 1: *Tragfähigkeitsberechnung von Stirnrädern - Einführung und allgemeine Einflußfaktoren: Teil 1.* Berlin, 1987

[25] DIN 3990 TEIL 2: *Tragfähigkeitsberechung von Stirnradzahnrädern - Berechnung der Grübchentragfähgigkeit: Teil 2.* Berlin, 1987

[26] DIN 3990 TEIL 5: *Tragfähigkeitsberechnung von Stirnrädern - Dauerfestigkeitswerte und Werkstoffqualitäten.* Berlin, 1987

[27] DIN 4776: *Kenngrößen R_K, R_{PK}, R_{VK}, M_{r1}, M_{r2} zur Beschreibung des Materialanteils im Rauheitsprofil.* Berlin, 1990

[28] DIN 50100: *Schwingfestigkeitsversuch – Durchführung und Auswertung von zyklischen Versuchen mit konstanter Lastamplitude für metallische Werkstoffproben und Bauteile.* 2016

[29] DIN EN 10270-1: *Stahldraht für Federn – Teil 1: Patentiert gezogener unlegierter Federstahldraht.* Berlin, 2012

[30] DIN EN 10270-2: *Stahldraht für Federn – Teil 2: Ölschlussvergüteter Federstahldraht.* Berlin, 2012

[31] DIN EN 10270-3: *Stahldraht für Federn – Teil 3: Nichtrostender Federstahldraht.* Berlin, 2012

[32] DIN EN 13906-1: *Zylindrische Schraubenfedern aus runden Drähten und Stäben – Berechnung und Konstruktion – Teil 1: Druckfedern.* Berlin, 2013

[33] DIN EN 15800: *Zylindrische Schraubenfedern aus runden Drähten - Gütevorschriften für kaltgeformte Druckfedern.* Berlin, 2009

[34] DIN EN ISO 4288: *Oberflächenbeschaffenheit: Tastschnittverfahren.* Berlin, 1998

[35] DIN EN ISO 6507-1: *Metallische Werkstoffe - Härteprüfung nach Vickers - Teil 1: Prüfverfahren (ISO 6507-1:2005).* -1. Berlin, 2006

[36] DIN ISO 281-10: *Wälzlager – Dynamische Tragzahlen und nominelle Lebensdauer.* Berlin, 2010

[37] DIN ISO 281 BEIBLATTT 1: *Dynamische Tragzahlen und nominelle Lebensdauer.* Berlin, 2003

[38] DIN ISO 281 BEIBLATTT 2: *Dynamische Tragzahlen und nominelle Lebensdauer.* Berlin, 1994

[39] DIN ISO 281 BEIBLATTT 3: *Dynamische Tragzahlen und nominelle Lebensdauer – Beiblatt 3: Bestimmung des Verunreinigungsbeiwertes bzw. der Verschmutzungsklasse für Wälzlager in geschlossenen Industriegetrieben.* Berlin, 2009

[40] DRESSLER, K. ; FETH, S. ; RUF, N. ; SPECKERT, M.: *Statistische Methoden in der Betriebsfestigkeit.* Fraunhofer-Institut für Techno- und Wirtschaftsmathematik ITWM, 2008

[41] DREYER: *Untersuchung zur nichtlinearen Mechanik von Schraubendruckfedern: Simulation und experimentelle Verifikation des Verhaltens von Ventilfedern in Verbrennungsmotoren und Bogenfedern in Zweimassenschwungrädern.* Siegen, Universität Siegen, Diss., 2004

[42] FALDT, K. ; BAUR, A.: *Analytische Geometrie spezieller Flächen und Raumkurven.* Friedr. Vieweg & Sohn, 1975

[43] FISCHER, R. A.: *Statistical methods for research workers.* Edinburgh : Oliver & Boyd, 1972

[44] FÖPPL, L.: Der Spannungszustand und die Anstrengung des Werkstoffes bei der Berührung zweier Körper. In: *Forschung auf dem Gebiet des Ingenieurwesens* (1936), Nr. 7, S. 209–221

[45] FORSCHUNGSKURATORIUM MASCHINENBAU (FKM): *Rechnerischer Festigkeitsnachweis für Maschinenbauteile: aus Stahl, Eisenguss- und Aluminiumwerkstoffen.* VDMA Verlag, 2003

[46] GEIGER ; SCHEEL: *Handbuch der Physik, Band VI.* Juius Springer Verlag, 1928

[47] GEINITZ: *Genauigkeits- und auslastungsoptimierte Schraubendruckfedern.* Ilmenau, TU Ilmenau, Diss., 2004

[48] GEINITZ, V. ; KLETZIN, U.: Wärmebehandlung kalt geformter Federn. In: *Ilmenauer Federntag 2015* (2015), S. 9–20

[49] GEINITZ, V. ; KLETZIN, U. ; WEISS, M.: *AiF-Projekt: Ermittlung von funktions- und fertigungsrelevanten Federdrahtkennwerten: AiF 14306 BR Abschlussbericht.* 2007

[50] GEORG REICHERTER ESSLINGEN / NECKAR: *Betriebsanleitung zur DV 8 KU - C22.* 1979

[51] GEVORGYAN, G. ; TU ILMENAU FAKULTÄT FÜR MASCHINENWESEN (Hrsg.): *Auswirkungen tribologischer Beanspruchungen auf Funktion und Lebensdauer von Schraubendruckfedern: DFG-Projekt: SCHO 589/6-1 bis 6-3.* 2007

[52] GISSINGER, R.: *Zur empirischen Ermittlung und theoretischen Modelierung der Eigenspannungsentstehung in Schraubendruckfedern.* Siegen, Universität-Gesamthochschule-Siegen, Diss., 2001

[53] GÖHNER, O.: Schubspannungsverteilung im Querschnitt einer Schraubenfeder. In: *Ingenieur Archiv* (1930), Nr. 1, S. 619–644

[54] GRATZER, J.: Das Setzen von Schraubendruckfedern aus patentiert und federhart gezogenen Rundstahldraht bei Raumtemperatur. In: *Draht* (1972), Nr. 23, S. 255–259

[55] GROSS, S.: Zylindrische Schraubenfedern mit ungleichförmiger Steigung. In: *Draht* 10 (1959), Nr. 8, S. 358–363

[56] GROSS, S.: *Berechnung und Gestaltung von Metallfedern.* Springer Verlag, 1960

[57] HAHN, H. G.: *Elastizitätstheorie*. Stuttgart : B. G. Teubner, 1985

[58] HAIBACH, E.: *Betriebsfestigkeit: Verfahren und Daten zur Bauteilberechnung*. Springer-Verlag Berlin Heidelberg, 2006

[59] HAMANO, T. ; TACHIKAWA, T.: Analysis of coil spring by the analysis of coil spring by the finite element method with a joint element. In: *JSAE Review Vol. 13* (1992), S. 34–38

[60] HAMILTON, G. H. ; GOODMAN, L. E.: The stress field created by a circular sliding contact. In: *Transactions of the ASME Journal of Applied Mechanics* (1966), S. 371–376

[61] HANDBUCH NCODE 12.0: *DesignLife Theory Guide*. HBM United Kingdom Limited, 2016

[62] HAUSCHILD, S. ; FVV (Hrsg.): *Reibkorrosion: Gestaltung und Festigkeitsberechung reibkorrosionsgefährdeter Fügeverbindungen*. 2016

[63] HAYDN, W. ; SCHWABE, F.: Ermittlung geschlossener probabilistischer Auslegungskennlinien für einstufige Schwingfestigkeitsbeanspruchungen vom LCF- bis VHCF-Bereich. In: *Mat.-wiss. u. Werkstofftech.* 46 (2015), Nr. 6, S. 591–602

[64] HERTZ, H.: Über die Berührung fester elastischer Körper. In: *Journal für die reine und angewandte Mathematik* (1881), Nr. 92, S. 156–171

[65] HORA, P.: Schraubenfederbrüche beurteilen. In: *Materialprüfung* 39 (1997), Nr. 10, S. 418–422

[66] HORA, P. ; LEIDENROTH, V.: *Qualität von Schraubenfedern: Werkstofftechnische und technologische Maßnahmen*. Stuttgart : Riederer Verlag, 1987

[67] HUHNEN, J.: Ein Beitrag zur Dauerprüfung von Schraubendruckfedern. In: *Bosch Technische Berichte* 1 (1965), Nr. 4

[68] HUHNEN, J.: Entwicklungen auf dem Federngebiet 2. Teil. In: *Draht* 18 (1967), Nr. 8, S. 592–610

[69] INSTITUTE OF SPRING TECHNOLOGY: Tech-Spring report 15 end coil failures. (2012)

[70] ISO/TS 16281: *Rolling bearings — Methods for Rolling bearings — Methods for calculating the modified reference rating life for universally loaded bearings.* 2008

[71] JOACHIM HUG: Prüftechnik und Prüfmethoden der Schwingfestigkeitsprüfung von Federn unterschiedlicher Werkstoffe. In: *VDI-Berichte* 1972 (2006), S. 343–355

[72] JOHNSON, K. L.: *Contact Mechanics.* Cambridge University Press, 1985

[73] KAISER, B.: *Beitrag zur Dauerhaltbarkeit von Schraubendruckfedern unter besonderer Berücksichtigung des Oberflächenzustandes.* Darmstadt, TU Darmsadt, Diss., 1981

[74] KAISER, B.: Maßnahmen zur Schwingfestigkeitssteigerung von Federn: - Grundlagen, Verfahren, Wirkungen und Beispiele. In: *VDI-Bericht* (2006), Nr. 1972, S. 267–283

[75] KAISER, B. ; BERGER, C.: *Untersuchung der Dauerhubfestigkeit von Schraubenfedern im Bereich extrem hoher Schwingspielzahlen.* AiF-Nr. 15 064 N, 2010

[76] KARLINKSI, W. ; KLEPACKI, W. ; SOROCZYNSKI, W.: Bruchursachen von Schraubendruckfedern im Kraftstoffumlauf von Pumpen arbeitend. In: *Draht* 37 (1986), Nr. 4, S. 233–236

[77] KEYSOR, H. C.: Calculation of the elastic curve of a helical compression spring. In: *Transaction of the ASME* (1940), S. 319–326

[78] KLETZIN, U.: *Finite-Elemente-basiertes Entwurfssystem für Federn und Federanordnungen.* Ilmenau, Technische Universität Ilmenau, Diss., 2000

[79] KLETZIN, U. ; GEINITZ, V. ; LIEBERMANN, K.: Technologien zur Ausschussminimierung in der Schraubenfertigung. In: *Draht* 48 (1997), Nr. 4

[80] KLOOS, K.-H. ; THOMALA, W.: *Schraubenverbindungen: Grundlagen, Berechnung, Eigenschaften, Handhabung.* 5. Springer, 2007

[81] KOBELEV, V.: Simulation des Windungsprozesses und der Eigenspannungen von kalt geformten schraubendruckförmigen Federn. In: *Ilmenauer Federntag 2010* (2010), S. 45–58

[82] KORNHAUSER, M.: A note on elastic surface deformation. In: *Transaction of the ASME Journal of Applied Mechanics* (1951), Nr. 18, S. 251–252

[83] KRICKAU, O. ; HUHNEN, J.: Federbrüche und ihre Beurteilung. In: *DRAHT-Fachzeitschrift* (1972), Nr. 9, S. 586–592

[84] KRICKAU, O. ; HUHNEN, J.: Federbrüche und ihre Beurteilung. In: *DRAHT-Fachzeitschrift* (1972), Nr. 10, S. 653–658

[85] KRUPPA, E.: *Analytische und konstruktive Differentialgeometrie.* Springer-Verlag, 1957

[86] KUHN, P. R.: Über den Einfluß der Endwindungen auf das Verhalten schraubenförmiger Druckfedern. In: *Draht Fachzeitschrift Coburg* 20 (1969), Nr. 4, S. 206–212

[87] KUNERT, K.: Spannungsverteilung im Halbraum bei elliptischer Flächenpressungsverteilung über einer rechteckigen Druckfläche. In: *Forschung auf dem Gebiet des Ingenieurswesens* (1961), Nr. 6, S. 165–174

[88] LINKE ; H.: *Stirnradverzahnung: Berechnung - Werkstoffe - Fertigung.* 2. München Wien : Hanser Verlag, 2010

[89] LINKEWITZ, T.: *Berechnung der Wechselfestigkeit von gekerbten und mehrachsig beanspruchten Proben des Stahls 100Cr6 im bainitenschen Zustand.* Bremen, Universität Bremen, Diss., 1998

[90] LITTMANN W. E.: The mechanism of contact fatigue. In: *NASA Special Report* 1970 (1970), Nr. SP-237, S. 309–377

[91] LIU, J.: *Beitrag zur Verbesserung der Dauerfestigkeit bei mehrachsiger Beanspruchung.* Clausthal, TU Clausthal, Diss., 1991

[92] LIU, J. ; ZENNER, H.: Berechnung der Dauerschwingfestigkeit bei mehrachsiger Beanspruchung - Teil 1. In: *Materialwissenschaft und Werkstofftechnik ; 24* (1993), Nr. 24, S. 240–347

[93] LUNDBERG, G.: Elastische Berührung zweier Halbräume. In: *Forschung auf dem Gebiet des Ingenieurwesens* (1939), Nr. 5, S. 201–211

[94] Lundberg, G. ; Palmgren, A.: Dynamic capacity of rolling bearings: Vol. 1. In: *Acta Polytechnica Mechanical Engineering Series* (1947)

[95] Lundberg, G. ; Palmgren, A.: Dynamic capacity of rolling bearings: Vol. 2. In: *Acta Polytechnica Mechanical Engineering Series* (1952)

[96] Lux, R. ; Kletzin, U.: Möglichkeiten zur Prüfung und Beeinflussung der Werkstoffeigenschaften von ölschlussvergüteten Federstahldrähten durch Wärmebehandlungsprozesse bei der Draht- und Federherstellung. In: *Konstruktion, Werkstoffentwicklung und Schadensanalyse* (2010), S. 107–112

[97] Lux, R. ; Kletzin, U.: Optimierung der Wärmebehandlung von SiCr-legierten Federstahldrähten, sowie daraus hergestellter Schraubendruckfedern zur Sicherung eines fertigungsgerechten Umformverhaltens und der Erzeugung hoch belastbarer Endprodukte. In: *Ilmenauer Federntag 2010* (2010), S. 23–30

[98] Mack, B ; Loutrage, J.-L. ; Haydn, W. ; Kletzin, U.: Verfahren zur Bewertung des Anlageverhaltens zwischen End- und Übergangswindung von Schraubendruckfedern. In: *Ilmenauer Federntag 2015* (2015), S. 59–66

[99] Maier ; K. W.: Konstruktive Methoden zur Erhöhung der Lebensdauer von Schraubenfedern. In: *Konstruktion* (1968), S. 8–10

[100] Mauch, H: *Lebensdauerstatistik Leitfaden zur Statistik in der Betriebsfestigkeit: Statistische Methoden zur Beurteilung von Bauteillebensdauer und Zuverlässigkeit und ihre beispielhafte Anwendung auf Zahnräder.* FVA-Forschungsvorhaben, Nr. 304/1, 1999

[101] Mayer, K.-H.: Schraubenfederbrüche und Ihre Beurteilung. In: *VDI-Berichte* (2006), Nr. 1972, S. 257–265

[102] McDiamird, D. L.: A gerneral criterion for high cycle multiaxial fatigue failure. In: *Fatigue and Fracture of Engineering Materials and Structures* 14 (1991), Nr. 4, S. 429–543

[103] Meissner, M.: *Untersuchung bestimmter Einflüsse auf die Dauerhubfestigkeit kaltgeformter zylindrischer Schraubendruckfedern.* Ilmenau, Technische Hochschule Ilmenau, Diss., 1968

[104] MEISSNER, M.: Zur Korrektur der wirksamen Windungszahl von Schraubendruckfedern. In: *Draht* 46 (1995), Nr. 10, S. 496–500

[105] MEISSNER, M. ; SCHORCHT, H.-J.: *Metallfedern.* Springer Verlag, 2007

[106] MINDLIN, B. D.: Compliance of elastic bodies in contact. In: *Journal of Applied Mechanics* (1949), S. 259–268

[107] MUHR, T.: *Zur Konstruktion von Ventilfedern in hochbeanspruchten Verbrennungsmotoren.* Aachen, Rheinisch-Westfälischen Technischen Hochschule Aachen, Diss., 1992

[108] MURAKAMI, Y.: *Strees intensity factor handbook.* Pergamon Press, 1987

[109] NEUBER, H.: *Kerbspannungslehre: Theorie der Spannungskonzentration Genaue Berechnung der Festigkeit.* 4. Springer, 2001

[110] NEUBRAND, J. ; BRANDT, R. ; LINDER, A.: Moderne Methoden zur Herstellung von Schraubendruckfedern aus Stahl am Beispiel einer kaltgeformten SL-Feder. In: *Ilmenauer Federntag 2010* (2010), S. 105–112

[111] NØKLEBY, J. O.: Fatigue under multiaxial stress conditions. (1981), Nr. MD 81 001 Div. Masch. Elem.

[112] OLVER, A. V.: The mechanism of rolling contact fatigue: an update. In: *J. Engineering Tribology* (2004), Nr. 219 Part J, S. 313–330

[113] OTZEN, U.: *Über das Setzen von Schraubenfedern.* Stuttgart, Technische Hochschule Stuttgart, Diss., 1955

[114] OTZEN, U.: Änderung des mittleren Federdurchmessers und der Anzahl der federnden Windungen während der Belastung von Druckfedern. In: *Draht* 7 (1956), Nr. 8, S. 318–320

[115] PALAND, E.-G: *Technisches Taschenbuch.* 6. Würzburg : Stürtz GmbH, 2002

[116] PALMGREN, A.: *Grundlagen der Wälzlagertechnik.* Stuttgart : Franckh, 1964

[117] PAPADOPOULOS, I.: A new criterion of fatigue strength for out of phase bending an torsion of hard metals. In: *International Journal of Fatigue* 16 (1994), Nr. 6, S. 377–384

[118] PAPADOPOULOS, I. V. ; DAVOLI, P. ; GORLA, C. ; FILIPPINI, M. ; BERNASCONI, A.: A comparative study of multiaxial high-cycle fatigue criteria for metals. In: *International Journal of Fatigue* 19 (1997), Nr. 3, S. 219–235

[119] PENG, B.: *Numerische Untersuchungen zum Verschleiß von Schraubendruckfedern.* Aachen, Masterarbeit, Rheinisch-Westfälische Technische Hochschule Aachen, 2015

[120] PLETTA, D. H. ; MAHER, F. J.: Helix warping in compression springs. In: *Transaction of the ASME* (1940), S. 327–329

[121] POMP, A. ; HEMPEL, M.: Dauerfestigkeit von Schraubenfedern bei erhöhter Temperatur. In: *Archiv für das Eisenhüttenwesen Max-Planck-Institut für Eisenforschung* 21 (1950), Nr. 7/8, S. 263–272

[122] POMP, A. ; HEMPEL, M.: Dauerfestigkeit von Schraubenfedern unterschiedlicher Fertigungsart. In: *Archiv für das Eisenhüttenwesen Max-Planck-Institut für Eisenforschung* (1950), Nr. 7/8, S. 243–262

[123] POPOV, V. L.: *Kontaktmechanik und Reibung: Von der Nanotribologie bis zur Erdbebendynamik.* Springer-Verlag, 2010

[124] PYTHON: `https://docs.python.org`

[125] RADAJ, D. ; VORMWALD, M.: *Ermüdungsfestigkeit: Grundlagen für Ingenieure.* Springer-Verlag, 2007

[126] REICH, R.: *Lebensdauervorhersage von Schraubendruckfedern: Abschlussbericht Forschungsvorhaben IGF 15747 BR.* 2010

[127] REICH, R.: *Möglichkeiten und Grenzen bei der Auslegung von Schraubendruckfedern auf Basis von Umlaufbiegeversuchen.* Ilmenau, Technische Universität Ilmenau, Diss., 2016

[128] REICH, R. ; KLETZIN, U.: Vorhersage des Setzbetrages von Schraubendruckfedern. In: *Ilmenauer Federntag 2017* (2017), S. 51–60

[129] ROSE, R.-D.: Ergebnisse von Untersuchungen an in Richtung der Federachse und quer dazu belasteten, zylindrischen Schraubendruckfedern. In: *M.A.N.-Forschungsheft* (1971), Nr. 15, S. 38–52

[130] RÖSSLER, A.: *Schwingfestigkeitsverhalten nach einer mechnischen Oberflächenbehandlung und Warmauslagerung.* München, TU München, Diss., 2012

[131] ROTHBART, Harold A.: *Mechanical Design and Systems Handbook.* McGraw-Hill Book Company, 1964

[132] SANDMANN, K. ; WITTKOPP, T.: Dynamische Simulation von Schraubendruckfedern mit Berücksichtigung umgebener Fluide. In: *Ilmenauer Federntag 2013* (2013), S. 35–42

[133] SANTNER, E. ; DETERS, L. ; DEYBER, P. D. ; ERLEBACH, R. E. ; FISCHER, A. F. ; KNOLL, G. K. ; LAGEMANN, V. ; SCHÖFER, J. ; WOYDT, M.: *Reibung und Verschleiß von Werkstoffen, Bauteilen und Konstruktionen.* Expert Verlag, 2004

[134] SCHÖNNENBECK, G.: Einfluss der Schmierstoffe auf die Zahnflankenermüdung im Umfangsgeschwindigkeitsbereich 1-9 m/s: Teil 1. In: *FVA Heft* (1981), Nr. 106

[135] SCHORCHT, H.-J.: Leistungsfähige Federntechnik - Voraussetzung für wettbewerbsfähige Produkte. In: *Ilmenauer Federntag 2010* (2010), S. 5–14

[136] SCHORCHT, H.-J. ; LIEBERMANN, K. ; WEISS, M.: *AiF-Projekt: Einflüsse der End- und Übergangswindungen auf Funktion, Fertigung und Betriebsverhalten von kaltgeformten Schraubendruckfedern: Abschlussbericht AiF-Forschungsthema 12573 BR.* 2003

[137] SCHUNK, L.: *Numerische Beanspruchungsanalyse einer Schraubendruckfeder im Endwindungsbereich.* Friedberg, Technische Hochschule Mittelhessen, Bachelorarbeit, 2014

[138] SHIMOSEKI, M ; HAMANO, T. ; IMAIZUMI, T.: *FEM for Spring.* Springer Verlag, 2003

[139] SIMBÜRGER, A.: *Festigkeitsverhalten zäher Werkstoffe bei einer mehrachsigen, phasenverschobenen Schwingbeanspruchung mit körperfeseten und veränderlichen Hauptspannunsgsrichtungen.* Darmstadt, TH Darmstadt, Diss., 1975

[140] SMITH J. F. ; LIU C. K.: Stresses due to tangential and normal loads on an elastic solid with application to some contact stress problems. In: *Journal of Applied Mechanics* (1953), S. 157–166

[141] SONSINO, C. M. ; NIESLONY, A.: *Comparsion of some selected multiaxial fatigue assessment criteria: LBF Report No. FB-234.* 2008

[142] SPENCE, D. A.: The Hertz contact problem with finite friction. In: *Journal of Elasticity* (1975), Nr. 5, S. 297–319

[143] SPINDEL, J. E. ; HAIBACH, E.: The method of maximum likelihood applied to the statistical analysis of fatigue data. In: *International Journal of Fatigue* (1979), S. 81–88

[144] SUZUKI GARPHYTTAN: *Oteva 75 SC: Ölschlußvergüteter SiCrV-legierter Ventilfederstahldraht mit erhöhter Zugfestigkeit.* 2014

[145] SUZUKI GARPHYTTAN: *Oteva 90 SC: Ölschlußvergüteter SiCrVNi-legierter Ventil-federstahldraht mit ultrahoch Zugfestigkeit, zum Nitrierhärten von Federn.* 2014

[146] TALLIN, T. E.: *Failure atlas for Hertz contact machine elements.* 2. New York : ASME Press, 1999

[147] TIMOSHENKO, S. P. ; GOODIER, J.N.: *Theory of elasticity.* McGraw-Hill, 1970

[148] TRESCA, H.: Memoire sur L'Ecoulement des corps soldies soumis des fortres pressions. In: *C. R. Acad. Sci.* (1864)

[149] V. GEVORGYAN, U. K.: Contact pressure and wear in helical compression springs. In: *56th International Scientific Colloquium* (2011)

[150] VIDNER, J.: Auslegungsrichtlinie Reibkorrosion: Auslegungsrichtlinie zur vermeidung von Reibkorrosionsschäden an Fügeverbindungen in Hubkolbenverbrennungskraftmaschinen. In: *FVV* (2013), Nr. 984

[151] VORMWALD, M. ; SEEGER, T. ; BRÜNIG, J. ; HERTEL, H. ; LEIS, P. ; FACHGEBIET WERKSTOFFMECHNAIK TU DARMSTADT (Hrsg.): *Seminarunterlagen - Betriebsfestigkeit auf Grundlage örtlicher Beanspruchungen.* 2003

[152] WAHL, A. M.: *Mechanische Federn: Übersetzt und bearbeitet von P. Fischer.* Düsseldorf : Michael Triltsch Verlag, 1966

[153] WALZ, K.: Werkstoffprobleme bei Federn. In: *Draht* 19 (1968), Nr. 8, S. 604–612

[154] WANKE, K.: Schraubendruckfedern mit ungleichförmiger Steigung: DK 621-272.25. In: *Berichte aus der Theorie und Praxis* 4 (1963), Nr. 9, S. 13–19

[155] WANKE, K.: Einfluss der Drahtkrümmung und der Biegeeigenspannungen auf die Berechnung von Schraubenfedern. In: *Draht Fachzeitschrift Coburg* 24 (1973), Nr. 3, S. 105–112

[156] WEBER, M.: *Örtliche Beanspruchungsanalyse von Schraubendruckfedern im Endwindungsbereich.* Esslingen, Bachelorarbeit, HS Esslingen, 2015

[157] WHITTEMORE, H. L. ; PETRENKO, S. N.: *: Friction and carrying capacity of ball and roller bearings.* Washington D.C., 1921 (Technical Paper)

[158] WITTKOPP, T.: *Mehrkörpersimulation von Schraubendruckfedern.* Ilmenau, Technische Universität Ilmenau, Diss., 2005

[159] WRIGGERS, P.: *Computational contact mechanics.* 2. Springer, 2006

[160] WRIGGERS, Peter: *Zur Berechnung von Kontakt- und Stossproblemen elastischer Körper mit Hilfe der Finite-Element-Methode.* Hannover, Universität Hannover, Diss., 1981

[161] WÜNSCH: *Differentialgeometrie: Kurven und Flächen.* Wissenschaftsverlag Thüringen, 2012

[162] YASTREBOV, V. A.: *Numerical methods in contact mechanics.* Wiley, 2013

[163] ZENNER, H. R. ; HEIDENREICH, R. ; RICHTER, I.: Schubspannungsintensitätshypothese - Erweiterung und experimentelle Abbstützung einer neuen Festigkeitshypothese für schwingende Beanspruchung. In: *Konstruktion* 32 (1980), Nr. 4, S. 143–152

[164] ZENNER, H. R. ; RICHTER, I.: Eine Festigkeitshypothese für die Dauerfestigkeit bei beliebigen Beanspruchungskombinationen. In: *Konstruktion* 29 (1977), Nr. 1, S. 101–112

Liste der bisher erschienenen Bände, Stand 02.01.2019

Bericht aus dem Institut für Maschinenelemente und Konstruktion (IMK), 1990 – 2010

Band 1 **Institut für Maschinenelemente und Konstruktion der TU Ilmenau (Hrsg.):**
Forschung und Lehre im Institut für Maschinenelemente und Konstruktion
(Institutsbericht)
Ilmenau : ISLE, 1999. - ISBN 3-932633-37-7

Band 2 **Spiller, Frank:**
Möglichkeiten der rechentechnischen Umsetzung von Erkenntnissen aus der Konstruktions-systematik unter Nutzung der Featuretechnologie
(Dissertation TU Ilmenau 1998)
Ilmenau : ISLE, 1998. - ISBN 3-932633-20-2

Band 3 **Leibl, Peter:**
Entwicklung eines featureorientierten Hilfsmittels für die Konstruktion kostengünstiger Produkte
(Dissertation TU Ilmenau 1998)
Ilmenau : ISLE, 1998. - ISBN 3-00-003695-4

Band 4 **Lutz, Steffen:**
Kennlinie und Eigenfrequenzen von Schraubenfedern
(Dissertation TU Ilmenau 2000)
Ilmenau : ISLE, 2000. - ISBN 3-932633-47-4

Band 5 **Kletzin, Ulf:**
Finite-Elemente-basiertes Entwurfssystem für Federn und Federanforderungen
(Dissertation TU Ilmenau 2000)
Ilmenau : ISLE, 2000. - ISBN 3-932633-48-2

Band 6 **Volz, Andreas K.:**
Systemorientierter Karosserie-Konzeptentwurf am Beispiel der Crashsimulation
(Dissertation TU Ilmenau 1998)
Ilmenau : ISLE, 2000. - ISBN 3-932633-52-0

Band 7 **Brix, Torsten:**
Feature- und constraint-basierter Entwurf technischer Prinzipe
(Dissertation TU Ilmenau 2001)
Ilmenau : ISLE, 2001. - ISBN 3-932633-67-9

Band 8 **Rektor der TU Ilmenau und Institut für Maschinenelemente und Konstruktion der TU Ilmenau (Hrsg.) in Zusammenarbeit mit Carl Zeiss Jena GmbH**
Vom Arbeitsblatt zum virtuellen Prototyp – 50 Jahre Konstruktionssystematik
(Institutsbericht)
Ilmenau : ISLE, 2002. - ISBN 3-932633-68-7

Band 9 **Liebermann, Kersten:**
Rechnergestütztes Entwurfs- und Optimierungssystem für Schraubendruckfedern
(Dissertation TU Ilmenau 2003)
Ilmenau : ISLE, 2003. - ISBN 3-932633-74-1

Band 10 **Meissner, Manfred; Denecke, Klaus:**
Die Geschichte der Maschinenelemente als Fachgebiet und Institut an der Technischen Universität Ilmenau von 1953 bis 2003
(Institutsbericht)
Ilmenau : ISLE, 2003. - ISBN 3-932633-82-2

Band 11 **Geinitz, Veronika:**
Genauigkeits- und auslastungsoptimierte Schraubendruckfedern
(Dissertation TU Ilmenau 2006)
Ilmenau : ISLE, 2006. - ISBN 3-938843-11-X

Band 12 **Institut für Maschinenelemente und Konstruktion (Hrsg.):**
Festschrift zum Ehrenkolloquium anlässlich der Emeritierungen von Univ.-Prof. Dr.-Ing. habil. Dr. h.c. Günter Höhne und Univ.-Prof. Dr.-Ing. habil. Hans-Jürgen Schorcht
(Institutsbericht)
Ilmenau : ISLE, 2005. -ISBN 3-932633-97-0

Band 13 **Wittkopp, Tobias:**
Mehrkörpersimulation von Schraubendruckfedern
(Dissertation TU Ilmenau 2005)
Ilmenau : ISLE, 2005. - ISBN 3-938843-07-1

Band 14 **Frank, Stefan:**
Justierdrehen – eine Technologie für Hochleistungsoptik
(Dissertation TU Ilmenau 2007)
Ilmenau : ISLE, 2008. - ISBN 978-3-938843-35-4

Band 15 **Schilling, Thomas:**
Augmented Reality in der Produktentstehung
(Dissertation TU Ilmenau 2008)
Ilmenau : ISLE, 2008. - ISBN 978-3-938843-42-0

Band 16 **Lotz, Markus:**
Konstruktion von Messspiegeln hochgenauer Mess- und Positioniermaschinen
(Dissertation TU Ilmenau 2009)
Ilmenau : ISLE, 2009. - ISBN 978-3-938843-46-8

[Band 17] **Hackel, Tobias:**
Grundlegende Untersuchungen zu vertikalen Positioniersystemen für Nanopräzisionsmaschinen
(Dissertation TU Ilmenau 2010)
Münster, Westf : Monsenstein & Vannerdat, 2010. -
ISBN 978-3-86991-111-3

[Band 18] **Frank, Thomas:**
Konzeption und konstruktive Gestaltung der Messkreise von Nanomessmaschinen
(Dissertation TU Ilmenau 2010)
Münster, Westf : Monsenstein & Vannerdat, 2010. - ISBN 978-3-86991-194-6

Berichte aus dem Institut für Maschinen- und Gerätekonstruktion (IMGK), 2010 - ...

Band 19 **Sondermann, Mario:**
Mechanische Verbindungen zum Aufbau optischer Hochleistungssysteme
(Dissertation TU Ilmenau 2010)
Ilmenau : Univ.-Verl. Ilmenau, 2011. - ISBN 978-3-939473-94-7

Band 20 **Husung, Stephan:**
Simulation akustischer Produkteigenschaften unter Nutzung von Virtual Reality während der Produktentwicklung
(Dissertation TU Ilmenau 2011)
Ilmenau : Univ.-Verl. Ilmenau, 2012. - ISBN 978-3-86360-026-6

Band 21 **Dobermann, Dirk:**
Stabilisierung der Bildlage abbildender optischer Systeme
(Dissertation TU Ilmenau 2012)
Ilmenau : Univ.-Verl. Ilmenau, 2013. - ISBN 978-3-86360-056-3

Band 22 **Taubmann, Peter:**
Analyse der Ventilfederbewegung als Beitrag zur Beeinflussung der Verschleißursachen an den Auflageflächen
(Dissertation TU Ilmenau 2013)
Ilmenau : Univ.-Verl. Ilmenau, 2013. - ISBN 978-3-86360-059-4

Band 23 **Erbe, Torsten:**
Beitrag zur systematischen Aktor- und Aktorprinzipauswahl im Entwicklungsprozess
(Dissertation TU Ilmenau 2013)
Ilmenau : Univ.-Verl. Ilmenau, 2013. - ISBN 978-3-86360-060-0

Band 24: **Ginani, Luciano Selva:**
Optical Scanning Sensor System with Submicron Resolution
(Dissertation TU Ilmenau 2013)
Ilmenau : Univ.-Verl. Ilmenau, 2013. - ISBN 978-3-86360-068-6

Band 25: **Heidler, Nils:**
Untersuchungen zylindrischer Gasführungselemente für Hochvakuumanwendungen
(Dissertation TU Ilmenau 2015)
Ilmenau : Univ.-Verl. Ilmenau, 2016. - ISBN 978-3-86360-130-0

Band 26: **Reich, René:**
Möglichkeiten und Grenzen bei der Auslegung von Schraubendruckfedern auf Basis von Umlaufbiegeprüfungen
(Dissertation TU Ilmenau 2016)
Ilmenau : Univ.-Verl. Ilmenau, 2016. - ISBN 978-3-86360-139-3

Band 27: **Resch, Jens:**
Kontextorientierte Entwicklung und Absicherung von festen Verbindungen im Produktentstehungsprozess der Automobilindustrie
(Dissertation TU Ilmenau 2016)
Ilmenau : Universitätsverlag Ilmenau, 2016. - ISBN 978-3-86360-143-0

Band 28: **Scheibe, Hannes:**
Aktiv-adaptive Polierwerkzeuge zur Herstellung rotationssymmetrischer Asphären
(Dissertation TU Ilmenau 2016)
Ilmenau : Universitätsverlag Ilmenau, 2016. - ISBN 978-3-86360-147-8

Band 29: **Reeßing, Michael:**
Softwarewerkzeuge für den phasen- und domänenübergreifenden Entwurf
(Dissertation TU Ilmenau 2016)
Ilmenau : Universitätsverlag Ilmenau, 2017. - ISBN 978-3-86360-169-0

Band 30: **Lux, Rüdiger:**
Wärmebehandlung von SiCr-legiertem, ölschlussvergütetem Federstahldraht
(Dissertation TU Ilmenau 2018)
Ilmenau : Universitätsverlag Ilmenau, 2018. - ISBN 978-3-86360-185-0

Band 31: **Thomisch, Marco:**
Methodik zur Bestimmung optimaler Parameter beim Drahtumformen
(Dissertation TU Ilmenau 2018)
Ilmenau : Universitätsverlag Ilmenau, 2018. - ISBN 978-3-86360-187-4

Band 32: **Wohlfahrt, Fabian:**
Kraftgesteuerte Messzelle für Dilatometeranwendungen
(Dissertation TU Ilmenau 2018)
Ilmenau : Universitätsverlag Ilmenau, 2019. - ISBN 978-3-86360-193-5

Band 33: **John, Kerstin:**
Untersuchung von Umlenkelementen zur Anwendung in der interferometrischen Längenmesstechnik
(Dissertation TU Ilmenau 2018)
Ilmenau : Universitätsverlag Ilmenau, 2019. - ISBN 978-3-86360-197-3

Band 34: **Mack, Benjamin:**
Untersuchungen zum Schadensmechanismus Torsionsschwingbruch durch Kontaktermüdung an Schraubendruckfedern
(Dissertation TU Ilmenau 2018)
Ilmenau : Universitätsverlag Ilmenau, 2019. - ISBN 978-3-86360-198-0